山东艺术学院本科优秀教材

居住空间设计

主　编｜王大海

副主编｜崔晨耕　周　筠

朱京辉　曾繁肃

西南大学出版社

国家一级出版社　全国百佳图书出版单位

图书在版编目（CIP）数据

居住空间设计 / 王大海主编. — 重庆：西南大学
出版社，2023.11
　　ISBN 978-7-5697-2028-0

　　Ⅰ. ①居… Ⅱ. ①王… Ⅲ. ①住宅—室内装饰设计
Ⅳ. ①TU241

　　中国国家版本馆CIP数据核字（2023）第204834号

一流本科专业建设教材·环境设计

居住空间设计
JUZHU KONGJIAN SHEJI

主　编　王大海
副主编　崔晨耕　周　筠　朱京辉　曾繁肃

总策划：龚明星　王玉菊
执行策划：鲁妍妍　戴永曦
责任编辑：鲁妍妍
责任校对：袁　理　戴永曦
封面设计：闻江文化
排　　版：黄金红
出版发行：西南大学出版社（原西南师范大学出版社）
地　　址：重庆市北碚区天生路2号
网上书店：https://www.xnsfdxcbs.tmall.com
印　　刷：重庆长虹印务有限公司
幅面尺寸：210 mm×285 mm
印　　张：7.25
字　　数：220千字
版　　次：2023年11月 第1版
印　　次：2023年11月 第1次印刷
书　　号：ISBN 978-7-5697-2028-0
定　　价：65.00元

本书如有印装质量问题，请与我社市场营销部联系更换。
市场营销部电话：（023）68868624 68253705

西南大学出版社美术分社欢迎赐稿。

美术分社电话：（023）68254657 68254107

编委会

给读者的一封信

尊敬的读者：

您好！感谢您选择使用《居住空间设计》教材！本教材旨在带领您深入探索居住空间设计的各个层面，从历史渊源到设计原理，从软装配色到材料工艺，全面了解居住空间设计的魅力与技巧。

居住空间设计是人类对生活空间进行物化呈现和精神赋予的一种方式方法。它所蕴含的价值不仅具有人类普遍意义，还展现出个性化的风格特征。如今，在社会进步和经济大发展的背景下，人们对高品质居住空间的需求越来越多元化和个性化。

本教材是山东艺术学院国家一流本科专业建设点环境设计专业的指定教材，是山东艺术学院教师和企业导师多年实践教学的总结，汇集了丰富的理论知识和实践经验，旨在帮助学生们认识"家"的世界，掌握居住空间设计的历史和多样化的风格，熟悉设计原理和方法，了解软装配色和材料工艺，以及认识家居智能化的科技手段，同时欣赏历代大师优秀的设计作品。

首先，本教材将带您回顾居住空间设计的历史演变，从古代到现代，由浅入深地了解各个时期的设计理念和创造思维，并且对东西方居住空间设计的情况都进行了介绍。然后，深入探讨居住空间的设计原理和方法，从空间布局到光线与色彩的运用，从选择合适材料到软装配色的技巧，让您能够灵活运用这些知识和技能，打造出独特的居住空间。本教材还关注家居智能化的科技手段，通过对最新的智能家居技术和产品进行介绍，如智能照明系统、智能家电和智能安全系统等，帮助您在设计中融入科技的力量，以提升居住空间的便捷性和舒适性。最后，本书分享了历代大师的设计作品，您可以通过欣赏他们的经典作品，领略他们对居住空间设计的卓越贡献。这些作品将激发您的创作灵感，培养您的审美观和设计触觉。

无论您是设计专业的学生，还是职业设计师，抑或是希望为自己的居住空间赋予美感的普通读者，希望本教材能为您提供理论与实践的指导，帮助您全面掌握居住空间设计的核心要素和技能。

让我们一起踏入《居住空间设计》的世界，开启一段富有创意和激情的探索之旅！希望能够通过学习和实践，培养您独立思考的能力，并激发您的创造力，为社会创造更美好的居住环境。

祝您阅读愉快！

王大海

2023 年 9 月 10 日

课时计划

章	章节内容	课时	
第一章 中国居住空间的历史渊源	第一节 说文解字，虎穴鸟巢	2	6
	第二节 坐而论道，席"椅"相间	1	
	第三节 临水而居，筑土为屋	1	
	第四节 观往知来，安居乐业	2	
第二章 居住空间设计原理	第一节 温馨港湾，心之向往	1	6
	第二节 以人为本，设计核心	1	
	第三节 空间规划，分工布局	1	
	第四节 功能分享，和谐共处	1	
	第五节 自我隐私，心灵空间	1	
	第六节 居家烟火，炊金馔玉	1	
第三章 居住空间设计方法与表达	第一节 主观思维，灵感迸发	1	4
	第二节 艺术与科技的完美邂逅	1	
	第三节 感性思考的理性表达	1	
	第四节 设计表现的诗情画意	1	
第四章 居住空间软装饰设计与应用	第一节 软硬有别，范畴区别	1	4
	第二节 活色生香，软装色彩	1	
	第三节 细致入微，软装质感	1	
	第四节 艺术"器"息——软装器物	1	
第五章 居住空间设计智能化与材料工艺实践	第一节 智能家居，前生今世	2	8
	第二节 智慧世界，互联互通	1	
	第三节 智享生活，亲密无间	1	
	第四节 装饰装修，饕餮盛宴	1	
	第五节 匠心传承，百花齐放	1	
	第六节 玉汝于成，精雕细琢	2	
第六章 居住空间经典设计作品赏析	第一节 自由天地，住吉的长屋	1	4
	第二节 城市网红，融汇温泉	1	
	第三节 奢华世界，加州豪宅	1	
	第四节 经典之作，流水别墅	1	
合计		32	

二维码数字资源目录

目 录

一

第一章

中国居住空间的
历史渊源

第一节 说文解字，虎穴鸟巢

亚当和夏娃因偷吃禁果而被上帝赶出了伊甸园，他们彼此相守，在风雨飘摇中组建了家，其结构——覆盖与支撑。"家"的意义不仅仅表现在居住空间的物质构筑上，还表现在精神内涵上。而在中国，人们对家有着不同的诠释。

一、家庭与嫁娶

《说文解字》中对"家"的解释是："宀（mián）为屋也""豕（shǐ）为猪也"，两字合写为"家"字，"家，居也"（图1-1）。"宀"在古代汉语里面是房屋的意思，引申的含义是覆盖，作为部首时常被称为"宝盖"或"宝盖头"，形状像尖顶房屋的侧视形。从字形可以看出，遮风挡雨是家所必备的基本功能。"豕"源于甲骨文的象形字，是猪的意思。猪具有性格温顺、繁殖能力强的特点，是最早被人类驯化的动物之一。

甲骨文中的"家"字，其本义是屋内、住所。从字形上看，像是房屋下面有一头猪，其本义为饲养家猪的稳定居所，因此圈养生猪便成了定居生活的标志。屋檐下有美味品尝，一间房子加一头猪，这也许是远古农业社会的理想生活，也代表了"家"最基本的功能需求和物质基础。

由一座房子往外延展就出现了另外一个汉字"庭"，其本意是指堂屋台阶前的院子，指建筑物前后左右或被建筑物包围的场地（图1-2），通常被称为庭或庭院。

宋体

甲骨文

图1-1 不同字体的"家" 王向洁（绘）2022年

图1-2 亭、台、楼、榭 王向洁（摄）2022年

从某一层面来讲，家庭是建筑意义的词语，"家"在这里成为建筑物的代名词，"庭"在这里成为场地的代名词。"廷"外之"广"成为连接内外的屋檐，与"家"相比，"庭"更具有空间的开敞性，"家"更具有闭合性，家中之庭成为中国居住空间最为典型的特点之一。

"嫁"是指女子结婚，跟"娶"相对。从字形可以看出"女"在"家"的外面，十分符合女儿出嫁，嫁入男方家里的习俗。我们可以从美国社会学家摩尔根撰写的《古代社会》一书中得知，人类婚姻初为群婚制，后为伙伴婚制，最终为对偶婚制，即一夫一妻制。到对偶婚制产生时，女子无财产经济权，自然无家，以男子的家为家，所以出嫁即归家，"家"与"嫁"音近义同，原因也在于此。

"娶"字最早见于甲骨文（图1-3），甲骨文中的"娶"，"女"字在"取"字的左边，与"闻"字相同，呈现的是一女子侧耳听声的状态。据说古时候娶亲一般都在黄昏时分，光线相对较暗，需要靠听觉来协同进行。

由此可见，家庭是最基本的社会单位，是人类最基本、最重要的一种制度和群体形式。扩充家庭的成员和拓展家族的资源一直以来都是中国

人的梦想，人们常常用"子孙满堂""几世同堂"来表述家庭的兴盛。

二、安家与家国

在《说文解字》中，"安，静也"。在早期甲骨文中的"安"表示一个妇女从室外走进房内坐下来的场景，表示"女坐室内"为安。安家在中国人的一生中有着非凡的意义，在屋檐下只有美味佳肴是远远不够的，家要安定下来必然要有一知心女子的陪伴，在现代社会也可以理解为爱人的陪伴。

"国"字始见于商代，本义指疆域、地域，后泛指国家，也指国都（图1-4）。中华人民共和国成立后，于二十世纪五十年代中期对汉字进

码1-1 说文解字，从"家"开始

图1-3 甲骨文"娶"
王向洁（绘）2022年

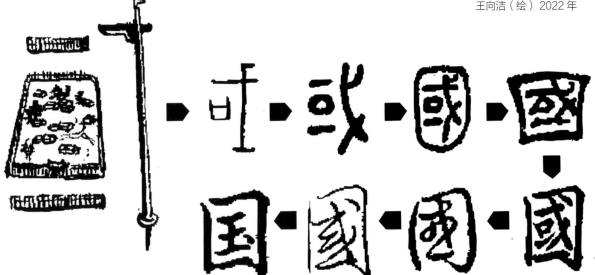

图1-4 "国"的演变 王向洁（绘）2022年

行规范简化。经郭沫若提议，在里面的王字上加了一点成为现在的"国"字，既便于书写，又蕴含"祖国美好如玉"的含义。

"家国情怀"是中国优秀传统文化的基本内涵之一。家国情怀起源于士大夫的人文信仰和人文精神，在形成过程中与儒家思想的三纲五常、宗族伦理、个体意识密不可分。《孟子》有言："天下之本在国，国之本在家，家之本在身。"家是国的基础，国是家的延伸，在中国人的精神谱系里，国家与家庭、社会与个人，是一个整体，都密不可分。家庭是精神成长的基础，家国情怀的逻辑起点在于家风的涵养、家教的养成，把远大理想与个人抱负、家国情怀与人生追求融为一体也是家风传承中所蕴含的时代课题。

三、巢居与穴居

虎穴和鸟巢都是我们对动物自然居所的描述，同属动物的人类在早期居住的形式上与它们有着惊人的相似之处。人类原始居住空间的基本形式依据地理环境可分为"穴而处"的穴居和"构木而巢"的巢居两种形式。

1."穴而处"的穴居与窑洞

《墨子·辞过》中对穴居有这样的描述："古之民未知为宫室时，就陵阜而居，穴而处，下润湿伤民，故圣王作为宫室。"这段文字的意思是上古时期的人类还不懂得如何建造宫室，只有靠近山陵居住，居住在洞穴里面，地面的阴冷潮湿伤害着人们的身体，所以圣王开始建造带有地基、墙面和屋顶的宫室。

人类在生存初期面临着重重困境，生产力水平低下，自然环境较恶劣，时刻受到各种飞禽走兽的威胁。从北京周口店山顶洞等原始遗址可以发现，穴居是当时人们的主要居住方式，它满足了原始人对生存的最低要求。

进入氏族社会以后，在自然环境和气候都较为适宜的地方，穴居依然是氏族部落主要的居住方式。随着人类生产力水平的不断提高，人工洞穴逐渐取代了天然洞穴，洞穴的形式也呈现出了多样化的特征，同时随着人类生产活动能力的提高出现了满足各种各样生活功能的洞穴。

穴居不同于巢居，因其具有一定的坚固性，现今仍保存了大量的遗址。经发掘发现，大多数集中在黄河流域的中上游，比如西安半坡遗址（图1-5）、甘肃秦安大地湾遗址（图1-6）等。

图1-5 西安半坡遗址 王向洁（绘）2022年

图1-6 甘肃秦安大地湾遗址

码 1-2 巢居与穴居

　　穴居从形态上可分为原始横穴、深袋穴和浅穴三种（图 1-7），大多分布于黄河的中下游地区。穴居是黄土地带最为典型的居住形式。黄河流域有广阔而丰厚的黄土层，土质均匀，含有石灰质，有壁立不易倒塌的特点，便于挖作洞穴。因此原始社会晚期，竖穴上覆盖草顶的穴居成为这一区域氏族部落广泛采用的一种居住方式。平面的格式早期为圆形和方形，后来出现了吕字形的联穴（图 1-8）。

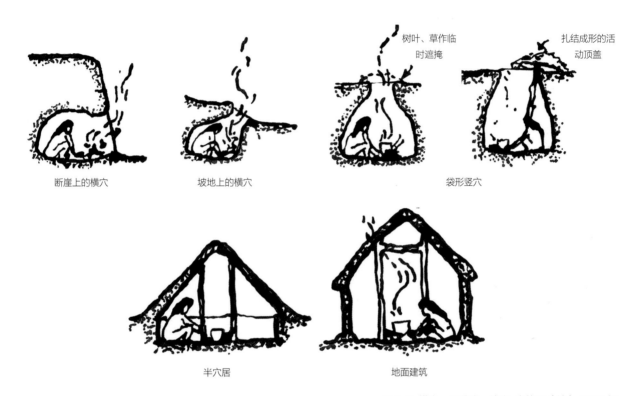

断崖上的横穴　坡地上的横穴　袋形竖穴

半穴居　地面建筑

树叶、草作临时遮掩　扎结成形的活动顶盖

图 1-7 横穴、深袋穴、浅穴 李绪琛（绘）2022 年

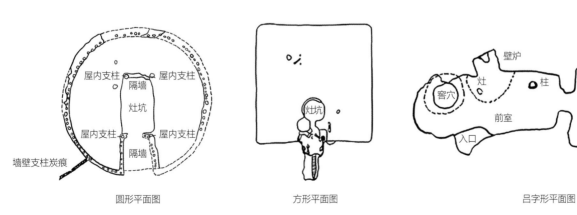

墙壁支柱炭痕　屋内支柱　隔墙　灶坑　圆形平面图

方形平面图　灶坑

吕字形平面图　壁炉　灶　柱　窖穴　前室　入口　柱　后室

图 1-8 早期平面格式 李绪琛（绘）2022 年

005

随着人类生活经验的不断积累和建造技术的不断完善，穴居的样式也从竖穴逐步发展到半穴居样式，最后被我们熟知的地面建筑所替代。

可以说窑洞的民居形式是远古穴居形式的延续，它是在黄土沟壁上开挖横穴而成的窑洞式住宅，广泛分布在黄土高原和黄河中下游地区。因黄土层深厚，土质密实，极适宜挖洞建窑，数百年至数千年不易倒塌，这也使窑洞成为当地人重要的居住形式。

窑洞按结构形式可分为下沉式窑洞、独立式窑洞、靠崖式窑洞（图1-9），这种划分形式与当地的地理环境、土层结构和自然气候紧密相关。

窑洞民居有两个方面的建筑特点：一是封闭和内向。以窑洞为主体的居民住宅常以院为中心，院的正面挖三孔或五孔窑洞，中间为主窑两侧为边窑，人们称之为"一主二仆"或"一主四仆"。二是以面南为尊，阳为上。在以家族为单位的窑洞民居里，一般居于中心位置的是一家之主或者是家族中长辈，也是接待客人的场所，两旁的窑洞按照家族中的辈分进行分配，现在意义的厨房一般建在阳面，厕所、畜圈、杂物间基本都在阴面。房屋在建设的形制、高低、尺度、图案、色彩等方面也存在着等级差异。

下沉式窑洞

独立式窑洞

靠崖式窑洞

图1-9 窑洞类型 李绪琛（绘）2022年

主体窑洞门窗采用的木料多为椿树，椿树被称为树中之王，因其名字里有个"春"字的谐音，所以在建造房屋时椿树木材广泛应用于门框、窗框，尤其是在主窑中运用较多。窗棂的图案大多为"富贵不断头""一贯钱""车串梅"，天窗上多为"太极八卦图"或"吉星高照图"（图1-10）。以前农村一些地区还有用椿树木材制作"喜床"的传统，也就是用椿木给家中即将嫁娶的子女打造新床，新房布置在窑洞里，所以当地人就把新婚之夜叫"入洞房"。正如一首民谣所云：贵客来到我家堂，休笑我家无瓦房，土窑好似神仙洞，冬天暖来夏天凉。

图1-10 窗棂图案 姚衍辰（绘）2022年

2. "构木而巢"的巢居与干栏式建筑

最早的巢居又称为"树上居"，后来随着时代的发展和人类生存能力的增强才迁移到了平地上，形成干栏式的房屋。由于巢居是木制构架，无法长期保存，至今还没有发现遗址，但在四川出土的青铜器皿上，刻有一悬空窝棚的象形文字，史学界称其为"巢居"的象形字。这种悬空的窝棚是原始人利用树木的自然形态建立的，以后逐渐演变成对天然树干进行加工，人工搭建棚屋的形式，巢居也就变为干栏式建筑，也称为干栏巢居。

以浙江余姚河姆渡遗址（图1-11）为代表的长江流域及以南地区的干栏式建筑，一般是用竖立的木桩或竹桩构成高出地面的底架，基础桩木有圆桩、方桩、

图1-11 河姆渡遗址 姚衍辰（摄）2022年

板桩之分，底架上有大小梁木承托的悬空地板，其上用竹木、茅草等建造住房。

干栏式建筑的居住形态往往为上面住人，下面饲养牲畜。由于材料的特性，干栏式建筑非常容易倒塌，例如云南傣族同类建筑使用的最长年限一般为15年。据推测，当时的建筑未开窗，与傣族的干栏式建筑一样，其门的位置开在山墙一面，具有出入、通风、采光、排除烟尘等功能。人类通过生活经验的积累，确立了干栏式建筑的走向，一般均是从西北到东南，门的朝向由南偏东10°左右，这样的朝向满足了江浙地区人们冬季日照时间最长而夏季最短的需求，避开了夏季的炎热，延长了冬季的采光时间。迄今为止，当地的建筑还在沿用这个朝向。

我们可以从考古研究人员发现的建筑遗迹中看到，当时的人们在室外留有约1m宽的走廊，走廊外侧还安装着栏杆。河姆渡人在考虑安全因素的同时也考虑了形式上的美观。从河姆渡遗址出土的刻花木构件、马鞍形五叶纹陶块（图1-12）和竖立于屋脊上的鸟形器（也称蝶形器）（图1-13）等艺术品表现了河姆渡人的原始艺术水平，其住宅的装修发展到了相对较高的艺术阶段。

图 1-12 马鞍形五叶纹陶块 姚衍辰（绘）2022 年

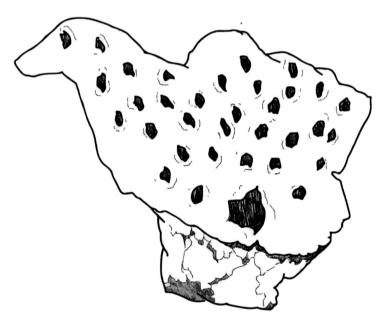

图 1-13 屋脊上的鸟形器 姚衍辰（绘）2022 年

第二节 坐而论道，席"椅"相间

对我们来说，从席到椅是坐姿方面的变化，但在人类发展的历史长河中，民居建筑经历了从低到高、从小到大不断演变的过程。中国木构架的建筑体系是世界建筑体系的重要组成部分，我国的民居建筑在不同的朝代、不同的地区形成了各自的风格特点。除了木构架外，还有干栏式、井干式、窑洞式、土楼式、碉房式等多种样式，由单体住宅发展为村庄，由里坊发展为街巷，在这一发展历程中又贯穿着从席到椅、由低到高的变化。

一、从版筑土墙到里坊街巷

在很长一段时期内，古人建房造墙是筑土成墙，这种技术称为版筑。

版筑也称为筑土墙（图1-14），古人在筑墙时用两块木板相夹，两板之间的宽度等于墙的厚度，板外用木柱支撑，在两板之间填满泥土，用杵筑（捣）紧，筑完后拆去木板木柱，即成一堵墙。版筑技术也叫夯筑或夯土技术，具有悠久的历史。我们可以从4000年前的龙山文化遗址看出，当时的人类掌握了较为成熟的夯土技术。现今的秦长城及汉以后的多段长城就是夯土版筑而成的。战国时期发明了砖，西周时期出现了以防护墙体免受风雨侵蚀的包面砖（图1-15），同时瓦也被广泛用于贵族住宅的屋面上。秦汉时期，砖主要用于装饰宫殿和墓壁，不用于建造房屋。

秦汉时期的建筑用陶在制陶业中占有重要位置，"秦砖汉瓦"就是对秦汉时期砖瓦的统称。秦砖有空心砖、条形砖、长方形砖、楞砖（又称五角形砖）、曲尺砖、券砖等。秦砖上的刻字及印文，即陶文，明确记述了秦砖制作的机构、人名、地名，对现有文献起到了补充作用。秦砖上的图案和雕刻十分精美，人物形象生动，花纹图案多变，装饰性极强。秦砖的发展，从形式和内容上都对汉代的雕刻艺术与画像砖起重要的推动作用。

建筑用瓦包括板瓦和筒瓦两种，其烧造大约起源于西周时期，开创了瓦顶房屋建筑的先河。瓦当是指筒瓦的顶部，主要起保护屋檐免受风雨侵蚀的作用（图1-16）。

瓦当大体经过了从半瓦到圆瓦、由阴刻到浮雕、从素面到纹饰、由具象到抽象、从图案到铭文的演变过程。古人通过瓦当上的各种动植物图像、几何图案和文字等纹饰装饰建筑，表达自己对美好生活的向往（图1-17）。

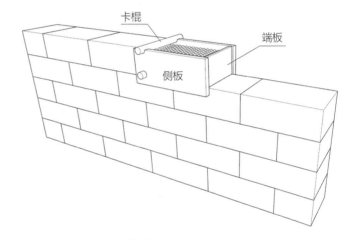

图 1-14 版筑示意图 张珂诚（绘）2022 年

图 1-15 （秦）龙纹空心砖 中国国家博物馆藏

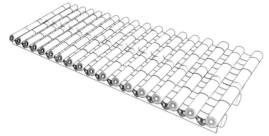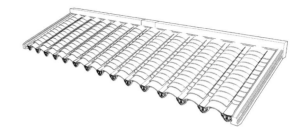

图 1-16 左: 简瓦; 右: 板瓦 张珂诚（绘）2022 年

图 1-17 四神瓦当 从左至右依次为青龙、白虎、朱雀、玄武
西安秦砖汉瓦博物馆藏

汉武帝时期实行"罢黜百家，独尊儒术"的政治制度，建立了一定的礼制规矩，使民居样式受到很多限制，缺乏灵活性，大多为前堂后寝、左右对称的样式。一般百姓最喜用"一堂二内"的住宅制度，一堂等于二内的面积，一内为一丈见方，后世所称的"内人"也来源于此。民居的构造大多采用木构架，墙壁用夯土筑造，有少部分的承重墙。屋面的变化多样，已有悬山、庑殿、囤顶、歇山和攒尖五种样式，它们后来成为中国古建筑的标志性符号。

里坊制是指以里坊为居民居住单位进行管理的一种制度。"里"是指城市的基本组成单位，也是城市设计时的平面模数，而"坊"其实就是"里"的另一种说法。正是受里坊制的影响，中国古代城市整体呈现出方正形态（图 1-18）。

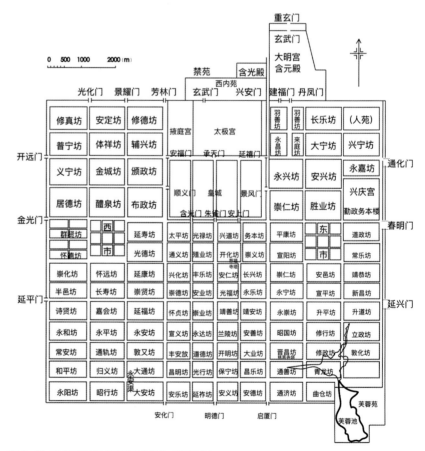

图 1-18 里坊制模型 秦嘉莹（绘）2022 年

二、从运筹帷幄到垂足而坐

古人席地而坐，紧靠地面的一层是筵，筵上面的称席。古人无论尊卑均跪坐于席上，席子的质地各有不同，一般常见的是草席，汉代宫中便铺以青绢饰边的蒲席供群臣使用。

秦汉时期，人还是席地而坐。两汉时期，随着长裤的出现，"床"开始普遍出现在贵族家的堂上，供唯一最尊敬的长者跪坐，其他人则仍然坐在席上（图1-19）。

在汉代，床的用途已经扩展到日常起居与会客等方面。德高望重的人使用一种窄而低的床，称为榻；榻上都有帐，称为幄；室内四周装饰有幕布，称为帷；"运筹帷幄"即源于此。

直到魏晋南北朝时期，随着有腿家具床的出现与裤装的逐渐流行，出现了新的起居习惯。在魏晋时期的北方，传统的跪坐地位逐渐动摇，席地而坐不再是唯一的起居方式，为隋唐五代垂足起居方式与席地而坐起居方式的等肩并存奠定了基础。从魏晋南北朝时期开始，西北少数民族大量迁入中原地区，带来了垂足而坐的高型家具，以床榻为中心的低矮型起居形式开始改变，供人睡觉的床的高度增加了。《女史箴图》（图1-20）中的床，高度已和今天的床差不多。此时，床和榻的功能难以界定。

图 1-19 秦汉床 秦嘉莹（绘）2022 年

图 1-20 《女史箴图》中的床

图 1-21 《韩熙载夜宴图》中的床具

图 1-22 胡床 徐千惠（绘）2022 年

图 1-23 交椅 徐千惠（绘）2022 年

隋唐五代时期，由于大兴宫室和贵族府第，家具产业也得到了空前的发展。人们的起居习惯呈现席地跪坐、伸足平坐、侧身斜坐、盘足迭坐和垂足而坐多种形式。需要注意的是，直至唐代，"床"指的多是坐具，是《说文》中所谓"安身之坐者"，与当今的床在用途和样式上大相径庭。李白的诗句"床前明月光"所描述的也不是躺在床上仰望明月。《韩熙载夜宴图》（图 1-21）中描绘的床就是一种坐具。"床"在唐代是极为正式的用具，皇帝上朝时便于殿上摆坐御床接见群臣，这也深深地影响了中式宝座的造型，后代宽大的龙椅正是在坐具"床"的基础上演变而来的。

从五代到北宋初期，跪坐和盘腿坐的习惯被保留了下来，尤其是在正式场合，它还是常规的"坐式"。但在北宋末年，椅子已经成为皇帝出行仪仗的必备物品。经五代十国至宋代，垂足家具逐步完形，并完全取代了席地而坐，凳子、椅子在很长一段时间里，只是尊长、老人、病人、残疾人以及其他特殊需要者使用的工具。

自唐代开始，椅子因供人倚靠安坐，故而被称为"倚子"，受到普遍欢迎。唐代军中流行着西方传来的胡床（图 1-22），因胡床可扎在马上携带，故又名马扎。到了宋代，盗匪们将胡床交叉向前的腿部向后延伸，形成可以躺靠的椅背，这种经过改进的胡床，被世人称为"交椅"（图 1-23）。

图 1-24 明式家具——椅中的"S"形曲线
徐千惠（绘）2022 年

图 1-25 清代紫檀雕云龙纹罗汉床
徐千惠（绘）2022 年

由此，从西周流传下来跪坐的习惯，逐渐被唐代上层阶级放弃，改为垂足而坐。到两宋时期这种习惯得到普及，家具的样式也随之产生了变化，桌椅被大量使用，并发展出了许多装饰性的线脚造型，为后来具有代表性的明清家具打下了良好的基础。

三、具之经典，明式风韵

明式家具主要是指明代至清代早期所生产的，以花梨木、紫檀木、红木、铁力木、鸡翅木等为主要用材的优质硬木家具，因大多制作于明代故称其为明式家具。

明式家具是在一定的社会背景下形成的，其原因在于大量建设的园林宅院使陈设品得以快速发展；再者郑和七次下西洋所带回的木材，为家具的生产提供良好的物质条件，加之当时工匠的智慧和精湛的技艺使明式家具的类别更加丰富，同时明式家具的质朴也反映了当时的社会环境。

明式家具集适用、美观、经济于一体，明式家具富有美感的造型主要表现为：比例上的适度、变化中的统一、弹性的曲线美、雕饰繁简的相宜，金属饰件以功能性与美观性的完美结合。明式家具各部件的尺寸，均根据人体的尺度而设计，明椅中"S"形的曲线倾角就与人体脊柱的侧面相吻合，使人的背部与椅子的靠背有较大的接触面，令韧带和肌肉能得到充分的休息，并集功能与美感于一体（图 1-24）。

到了清代早期，家具的风格还保留着明代的风格，但到康熙中期至雍正、乾隆三代盛世之时，清帝对皇室家具的制作、用料、尺度、雕饰有了更高的要求，家具的造型趋于正统和威严，讲究尺度宽大、雕刻繁琐、体积厚重，给人一种厚重有余、俊秀不足的感觉。同明式家具简洁的造型相比，清式家具（图 1-25）将装饰的繁琐推向了一个顶峰，同时还显现出不同的地方特色。

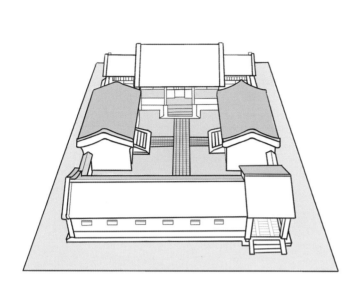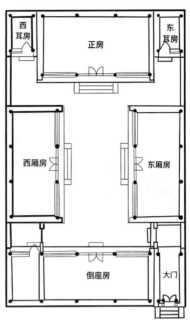

图 1-26 北京四合院 邹欣洋（绘）2022 年

第三节 临水而居，筑土为屋

在漫长的农业社会中，人们以朴实无华的生态观，顺应自然的生活理念，创造了适宜的居住环境。各地域、各民族人民根据自己的所思、所想、所念创作了民居的样式构件、装饰纹样和缤纷色彩，呈现出丰富多彩的地域和民族特色。

一、北京四合院

四合院中的"四"是指东、西、南、北四个方向，"合"就是四面房屋围在一起，形成一个"口"字形的结构，分为正房、倒座房、东厢房和西厢房，将其进行四面围合，中间是庭院。四合院大多分布于汉族的聚居地，具有很强的代表性，充分体现了中国建筑对称、均衡的特点（图 1-26）。

北京四合院作为合院建筑中的典范，其平面布局以中轴线为基准分布，东西两侧住宅对称，讲究空间在整齐中寻求尺度上的变化。在等级高、尺度大的住宅中，东、西、南、北四个方向的房屋各自独立，东西厢房与正房、倒座房的建筑本身并不连接，而且所有房屋都为一层，连接这些

房屋的是转角处的游廊和檐廊，它们成为住宅的回廊，使空间分布更有层次感和聚合性。

北京四合院一般为两进以上的院落，中轴对称，大门开在正南方向的东南角，在东南方向开门寓意着人丁兴旺、财源广进。大门不与正房相对，进门有照壁，也称为影壁（图 1-27）。影壁还起着阻挡视线、空间转换的作用，可以凸显房主的身份、地位、品位和财力。影壁从上到下分

图 1-27 北京四合院影壁 邹欣洋（摄）2022 年

图 1-28 山西大宅 邹欣洋（摄）2022 年

为三个部分，上面是筒瓦，避免雨水侵蚀影壁主体；中间是影壁的主体，一般是用条砖砌出框架，中间有各种吉祥文字或是图案；下面是须弥座，呈现山海景色的纹样。大的宅院还配有砖雕，其上有雕花、图形、线脚等多种装饰。

北京四合院以木构为主体，砖木结合，色调灰青，大型的四合院从外边用墙包围，表现出很强的防御性。四合院面南而建，其原因是中国地处温带，多盛行东南风，朝南或朝东南的房子可借东南方的暖风和阳光，使厅堂、庭院具有较好的通风条件。

同时，北京四合院的布局还有很好的气候调节功能，住宅庭院的大小与气候的冷暖有关，越冷的地方，院子就越大。外围的实体墙面除了可以有效抵御寒风和风沙的侵入以外，还具有保护隐私的作用，中央的庭院可利用风压通风，使整个建筑成为一个气候调节器。四合院的形成不仅与中国人的伦理观念有关，同时也表现出中国人敦厚平和的民族性格。

二、山西大宅

山西民居也是以家族为单位聚居，建筑坐北朝南，以木梁承重，以砖、石、土砌护墙。现存的元明清以来的山西民居有近 1300 处，这里的山西大宅将木雕、砖雕、石雕集于一院，绘画、

书法、诗文融为一炉，人物、禽兽、花木汇成一体，各具特色（图 1-28）。

山西地处中原地区，是汉族与北方游牧民族进行商贸活动的要塞。晋商讲究"发财还家、盖房置地养老少"的生活理念，于是便产生了一座座山西大宅。这些大宅院将民居建筑文化发挥到了极致，也是晋商 500 年兴衰史的见证。

晋商宅院结构严谨，一般呈封闭结构，有高大围墙隔离；以四合院为建构组合单元，院院相连，沿中轴线左右展开，形成庞大的建筑群。最具代表性的山西大宅是王家大院（图 1-29）。王家大院位于山西省灵石县城东 12 千米处的中国历史文化名镇静升镇，由静升王氏家族经明清两代历经 300 余年修建而成。王家大宅最早从村西张家槐树附近开始建设，由西向东，从低到高，逐渐扩展，修建了"三巷四堡五祠堂"等庞大的建筑群，总面积达 150000 平方米。王家大院的建筑格局继承了中国西周时期形成的前堂后寝的庭院风格，既提供了足够的对外交往空间，又满足了内在私密性的要求，做到了尊卑贵贱有等、上下长幼有序、内外男女有别，且起居功能一应俱全，充分体现了官宦门第的威严和宗法礼制的规整。

大院封闭的整体结构里面分布着 88 个小院落，其主次分明、内外有别的房舍布局，都能在封建意识形态的礼制、等级、纲常中找到对应。大院里寓意富贵吉祥的装饰图案样式层出不穷，

图 1-29 王家大院 邹欣洋（摄）2022 年

包含儒家教化内容的传说故事场景无处不在，也被业界称为"三晋第一宅"。

三、江南民居

广义上的江南是指长江下游南岸的地区，江南民居的历史可以追溯到河姆渡文化。在商代，这里已形成了初具规模的民居群落。魏晋南北朝时期北方的战乱促使大批人向南迁徙，使南方的经济和文化迅速发展起来，经济重心也就此南移。随着南宋建都临安（今杭州），江南在政治、经济、文化方面都得到了空前的发展。到了明清时期，江南已成为政治、经济、文化的中心，官商和文人雅士纷纷选择此地建宅，山庄别墅，亭台楼阁，各具特色。

由于该地区人口众多，江南民居在建筑构造上十分节省空间，以开敞式的建筑形式居多，水是江南民居特有的景致，前街后河的临水民居也是江南民居的特点。民居以木架结构为主体，屋脊较高、进深大、屋面轻巧、墙体薄、装饰玲珑、门窗纵深尺度较大，而且前后开窗通风效果好（图1-30）。

图 1-30 江南民居 毛智浩（摄）2022 年

图 1-31 四水归堂民居 毛智浩（摄）2022 年

住宅的大门多开在中轴线上，迎面正房为大厅，后面院内常建二层楼房。由四合房围成的小院子称为天井，仅作采光和排水用。因为屋顶内侧坡的雨水从四面流入天井，所以这种住宅布局俗称"四水归堂"（图 1-31）。为了利于通风，四水归堂式的住宅多在院墙上开漏窗，房屋也前后开窗，充分利用空间，布置灵活，造型美观，表现出清新活泼的面貌。

江南民居的封火墙，又名马头墙（图 1-32）。在古代一些人口密集的南方城市，这种高出屋顶的山墙能起到防火的作用，其外观棱角笔直，轻松明秀，也起到了很好的装饰效果。

图 1-32 封火墙 毛智浩（绘）2022 年

住宅一般由三个房间组成，除了供生活起居外，还可以作为手工业加工的场地。临水的一面建有私用的小码头，除用于水上交通外，还用于清洗衣物、淘米洗菜等日常活动。富足人家的住宅用材讲究，占地面积大，注重细部的装饰，纹样也较为华丽。室内讲究不同空间的层次和效能，厅堂内部根据使用目的用传统的罩、隔扇、屏门等进行自由分隔。

住宅外围砌较薄的空斗墙或者编竹抹灰白墙，屋顶结构也比北方住宅薄。墙底部常砌片石，室内地面也铺石板，以起到防潮的作用。房屋外部的木构部分上的褐、黑、墨绿等颜色和白墙、灰瓦相映，与周围自然环境结合起来，充分体现了"以人为本、天人合一"的构筑原则。

四、福建土楼

福建土楼是客家人世代相袭，并用夯土墙承重的大型群体楼房住宅。客家人原是中原一带的汉民，他们因战乱、饥荒等被迫南迁。由于客家

人大多居住在偏僻的山区或深山密林之中，为了躲避野兽、盗贼，便营建了抵御性超强的城堡式住宅。福建土楼产生于宋元时期，到明末、清代和民国时期发展成熟，其中以圆楼和方楼最具代表性。

圆楼又称圆寨（图1-33），它的建造是把防御的功能放在了首位，俨然成为极有效的准军事工程。圆楼有单环和多环两种构造，前者规模较小，只有二三层；后者规模宏大，多达四五层，由外

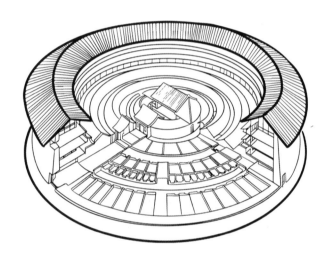

图1-33 圆楼 毛智浩（绘）2022年

环到内环高度逐环递减，皆以祖祠为中心，墙体用泥土夯筑，连接的通廊为木质构造。整个土楼房间大小一致，面积约10平方米，使用共同的楼梯，最外一环用于居住，各家各户几乎没有秘密可言。

方楼（图1-34）也是以祖祠为中心，四周夯土墙按正方形进行围合，通廊相互连接，四坡式的瓦屋顶等高，闽西客家方楼俗称"四角楼"。方楼与圆楼像一对孪生兄弟，除外形有别之外，其分布范围、建筑方式和结构功能几乎完全一样，据说是先有方楼后有圆楼，可见方楼是对中原方形民居的直接传承。

客家土楼在建筑布局上具备中轴线鲜明的特点。厅堂、主楼、大门都建在中轴线上，横屋和附属建筑分布在左右两侧，两边对称极为严格；其与中原的生土民居建筑一脉相承，以祖堂、主厅为核心形成院落，以院落为中心进行组合；楼内外景观风格协调，部分土楼厅堂雕梁画栋、典雅堂皇；互为连通的内廊四通八达，体现了客家人敬祖睦宗、团结互助的传统美德。

总体而言，中国民居的建筑形式比官式建筑更为灵活，更有创造性，更加适合自然环境，更讲究就地取材，同时也充满了浓郁的文化传统和伦理观念。这些建筑自开始就美轮美奂，典雅实用。

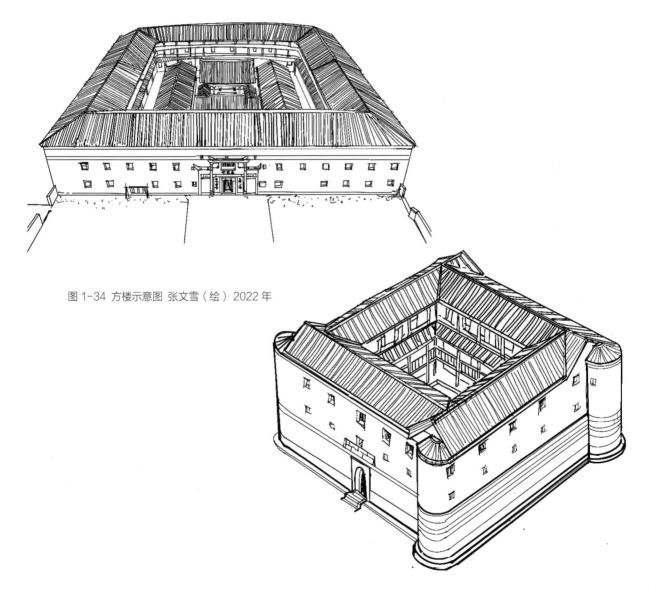

图1-34 方楼示意图 张文雪（绘）2022年

图 1-35 筒子楼示意图 张文雪（绘）2022 年

第四节 观往知来，安居乐业

一、一"筒"天下，共有共享

中华人民共和国成立初期，城市辖区面积较小，当时在住宅规划设计中有着苏联时期的建筑风格。20 世纪 50 年代中期采用"居住区—街坊"的规划模式，街坊内以住宅为主，采用封闭的周边式院落布置，再配置少量的公共建筑。50 年代后期，受到苏联建筑体系的影响，我国建设了许多 3~4 层、层高多为 3m 的小窗户式的苏式住宅。60 年代随着人口的迅速膨胀，很多地区都用"干打垒"的技术建起了一批窄、小、低、薄的简易楼和住宅楼，但仍无法满足当时的需求，从而出现了两家人或几代人挤在同一居室中的情况。

以平房构筑的院落中出现了更多的小平房，这些高低错落、大小不一、质量不同的"小平房"就是我们以前常说的"小厨房"。于是原来四合院的结构变得复杂起来，开敞的平地被房屋侵占，公共面积变得越来越少，走在狭窄的通道上如同进入迷宫一样，被人们称为"大杂院"。

所谓"一筒天下"中的"筒"是指的"筒子楼"建筑（图 1-35），也称为赫鲁晓夫楼——一条长走廊串联着许多单间，因为长长的走廊两端通风，状如筒子，故名"筒子楼"。

"筒子楼"面积狭小，每个单间大约有十几个平方。它是一种颇具中国特色的住房样式，是 20 世纪七八十年代中国企事业单位住房分配制度紧张的产物。这种有着长长的走廊、卫生间和厕所的房子都是公用的，其前身是各个单位的办公室或者是单身职工宿舍。工作和生活都是在单位一体化的空间中进行，厨房、洗漱间、厕所都在公共区域，各家各户基本没有隐私，用现在的话来讲就是共有共享。

筒子楼与大杂院是物质不发达时期的产物，每个家庭的门与门、窗与窗相距都很近，共用厕所、水源、储物间和厨房，尽管有很多不便，但是在中国传统文化氛围之中形成了"一家有难，八方支援"的美德。筒子楼和大杂院中的孩子们共同玩耍，饭菜在共享的空间中传递，形成了跨越血缘的邻里亲情，也成为这一时期人们的共同回忆。

二、突飞猛进，闹市旺宅

20世纪90年代，拆迁的大行动在全国展开，住房由原来的实物分房转变为货币购房。同时，住宅建设的观念也产生了很大的变化。由于家庭生活的不断变化，很多家庭的住房条件从住得下发展成了挤得下，住宅的格局是"大卧室小客厅"，一家人的吃、住、会客大多都在卧室里进行，使用功能较为重叠杂乱，个人的私密空间受到侵扰，这个时期不管是住得下还是挤得下，都反映了人们对居住空间的最低要求。此后，人们开始对私密空间有了追求，于是出现了单元房和公寓房，厕所和厨房被请进了家门，家人可以随意穿梭于各个居室，家的门也随着由木门外面加一道栅栏式的防盗门，变为双层全封闭式的防盗门（图1-36）。

由此，人们的生活变得更为独立化和私有化。

家庭的信息随着门户的变化也变得越来越封闭，室内空间的最大变化是将居住的各项功能进行了专属化的规划和设计，卫生间、厨房、设备间、储物间从共享时代进入了私密时代，客厅、卧室、书房、儿童房、老人房等在空间的布局中不断发展变化（图1-37）。

除在面积上有所增加外，在设备、设施上也更加完善，灶台、水池、操作台、储藏柜等设施均向着标准化、系列化方向发展，抽油烟机、微波炉、电饭煲、洗碗机等电器被有序地安排在相应的空间里；卫生间的淋浴器、洗脸盆、坐便器的配置也更加合理，这些都充分体现了生活的细化和时代的进步。从四合院到大杂院，再从大杂院到对四合院的保护，我们认识到一个城市要有属于自己的文化积淀，就不能把国际化、现代化等同于钢筋混凝土，人类对建筑永恒不变的追求不是高耸入云，而是诗一般的意境感受。

图 1-36 左图：20 世纪 90 年代防盗门 张文雪（摄）2022 年，右图：今天的防盗门

图1-37 上图：20世纪90年代客厅、卧室、书房，下图：现今的客厅、卧室、书房

思考与练习

1. 中国传统家居思想是如何演变的？

2. 以你对居住空间的理解，展望一下未来居住空间的发展方向。

3. "家"字如何体现中国人的家国情怀？

4. 人类原始居住空间的基本形式有哪些，是如何形成的？

5. 远古穴居形式延续至现代的民居是什么，具有什么特点？

6. 干栏式建筑有什么特点，在中国木构古建筑形成中有什么样的意义？

7. 版筑的特点是什么，代表朝代有哪些？

8. "运筹帷幄之中，决胜千里之外"体现了何种家居特点？

9. 明式家具有哪些特点？它体现了哪些中国传统文化？

10. 北京四合院与山西四合院的共同点和区别各是什么？

11. 江南民居中的哪些特点与南方的气候条件相关？

12. 中国传统文化对福建土楼建筑有哪些影响，具体体现在什么地方？

第二章

居住空间
设计原理

居住空间设计是建筑内部空间的理性创造方法，是一种以科学为构造基础，以艺术为形式表现，以塑造精神与物质并重的室内生活环境为目的而进行的创造活动。总的来说，居住空间设计就是对家的文化的梳理和设计。有家必然就有人居住，有人居住的空间我们才能把它称为居住空间。

居住空间设计根据样式可以分为别墅式、公寓式、集合式、院落式等类型，其功能空间由玄关、起居室、客厅、书房、卧室、厨房、休闲室、储藏室、浴厕等组成。居住空间设计是环境设计专业学生的入门课程，它主要解决如何在小空间内满足人们方便舒适的居住与使用等问题。

第一节 温馨港湾，心之向往

居住空间是因家庭需要而存在的，不同家庭的个性特征促使居住空间形成了不同的风格。家庭因素是决定居住空间价值取向的根本条件，其中尤以家庭形态（人数构成、成员间的关系、年龄、性别等），家庭性格（家庭成员的爱好、职业特点、文化水平、个性特征、生活习惯、所处地域、民族、宗教信仰等），家庭活动（群体、私人、家务等），家庭经济状况（收入水平、消费分配等）方面的关系最为重要。这些因素是空间设计的主要依据和基本条件，也是居住空间设计的创意取向和价值定位的首要构成要素，合理、协调地处理好这些因素的关系是设计取得成功的关键。

居住空间设计的目标体现在物质建设和精神建设两个方面。一方面要合理提高居住环境的物质水准，满足使用功能；另一方面要提高居住空间的生理和心理环境质量，使人从精神上得到满足，以有限的物质条件创造尽可能多的精神价值。

一、家的格局，设计范围

居住空间一般多为单层、别墅（双层或三层）、公寓（双层或错层）的室内空间结构。居住空间设计就是根据不同的功能需求，采用众多的手法

进行空间的再创造，使空间具有科学性、实用性、审美性，在视觉效果、比例尺度、层次美感、虚实关系、个性特征等方面达到完美的结合，体现出"家"的主题特征，使业主在生理及心理上获得舒适、温馨、和睦的感受。

居住空间在设计上有一个基本要求——要有组成居住关系的家庭形态。不同的人有不同的习惯，构成一个家庭的人员习惯就是家庭的习惯形态，比如爱好、职业、文化底蕴等都会影响居住空间的设计关系。

居住空间的内部功能包含了家庭生活的大多数场所，其功能空间的组成因家庭条件和追求不同而呈现出各自的特点，主要包含以下空间类型：玄关（门厅）、起居室（家庭用）、客厅（待客专用）、餐厅、厨房、卧室（夫妻、老人、子女、客用）、卫生间（双卫、三卫、四卫）、书房（工作间）、贮藏室、洗衣房、阳台（平台）、车库、设备间等。居住空间设计的基本范围主要包括：居住环境及其空间内的物体。它所包含的内容有家具、灯具、厨具、洁具、生活用品、室内外装饰、空间分割构成等。

二、理论先行，设计要素

居住空间是人们生活的基本场所，包含家庭生活的方方面面。据分析，任何一个家庭成员一生约1/3的时间都要在住宅中度过。因而，人在居室中停留的时间越长，对生活空间环境的要求就越多，同时居住空间内容也会随着人们要求的提高而变得更加丰富。

所以，舒适性、私密性、安全性和便利性是居住空间设计的四大基本要素。

1. 舒适性

居住空间是舒适的、能让人舒缓情绪和放松身心的场所。

2. 私密性

居住空间设计要充分考虑居住成员的个人隐私。

3. 安全性

居住空间的安全性是对家庭成员最重要的保护。

4. 便利性

大部分居住空间是以家庭为单位的，因此家庭成员之间共同居住的便利性也是居住空间设计的要素之一。

第二节 以人为本，设计核心

人的生活是丰富而复杂的，创造理想的生活环境首先应树立"以人为本"的思想，从"环境与人的行为关系研究"这一课题入手，全方位地深入了解和分析人的居住和行为需求。居住空间的功能正是基于人的行为活动特征而展开的。设计的所有内容都围绕提高人的生活质量和便利程度展开，这是设计和艺术的一个比较重要的区别。

居住空间设计的主要原则包括以下三个方面：

一是讲求实用功能，注重运用新的科学与技术，提高居住空间的舒适度。

对于居住空间来说，居住的功能要求是第一位的。日常生活中的空间形式，其活动、储藏、便捷程度都会影响居住者的居住感受。随着时代的发展和科技的进步，舒适的概念也由体感舒适的层面上升到便捷舒适的层面，智能家居的出现也在逐渐改变着居住者对实用功能的要求。

二是追求个性化的空间质量，在技术条件允许的情况下，尽可能追求个性化与独创性。

个性化的居住环境对于居住者来说是很重要的，这种个性化融合了居住者的个人审美、个人习惯和个人感受，也是区别于民宿旅店等公共居住空间的重要标志。对于服务固定居住者的空间而言，在技术条件允许的情况下，设计时要充分考虑居住者的喜好、习惯及要求。

三是重视居住空间的综合艺术素质。

任何形式的居住空间设计都应该是美的表达，因此居住空间中的综合艺术素质展现了设计师的艺术修养和对居住者需求的理解。在功能和个性得以满足的前提下，将空间进行适当的艺术化处理，对于居住空间来说是一种美的追求和层次的提升。

第三节 空间规划，分工布局

一般来说，国内的房地产开发商在设计楼盘时只提供最基本的空间条件，如面积大小、平面关系、设备管井、厨房浴厕等的位置。这就需要我们后期对居住空间进行整体的再创造（图2-1）。

码 2-1 空间规划

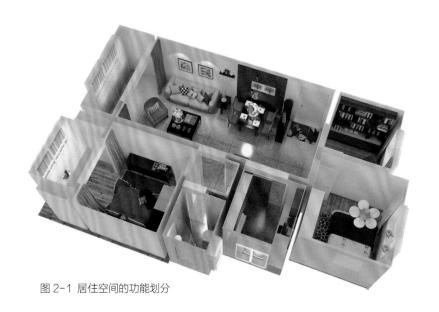

图 2-1 居住空间的功能划分

居住空间设计涉及的功能空间主要包括睡眠休息、烹饪就餐、盥洗如厕、收纳家务、起居会客、休闲娱乐以及学习工作等的空间。这些空间又形成环境的静—闹、群体—私密、外向—内敛等不同特点的功能分区。这里我们根据功能将这些空间分为群体生活空间、私密生活空间及家务活动空间三个部分。

一、群体生活空间及功能

客厅（起居室）——休闲娱乐、起居会客等。

餐厅——就餐。

休闲室——游戏、健身、琴棋、影音等。

二、私密生活空间及功能

卧室（主卧、次卧、客房）——睡眠、梳妆、阅读、影音等。

书房（工作间）——学习、工作等。

三、家务活动空间及其功能

厨房——配膳清洗、存物、烹饪等。

储藏间——存储工具及生活用品等。

群体生活空间具有开敞、弹性、动态以及与户外连接延展的特征；私密生活空间具有宁静、安全、稳定的特征；家务活动空间则具有安全、私密、流畅、稳定的特征。

居住空间的空间计划是直接建立室内生活价值的基础工作，主要包括区域划分和交通流线两个内容。区域划分是指室内空间的组成，它以家庭活动需要为划分依据，如群体生活区域、私密生活区域、家务活动区域。交通流线是指室内各活动区域以及沟通室外环境之间的联系，它能使家庭活动得以自由流畅地进行。

显然，区域计划是将家庭活动需要与功能使用特征有机结合，以获取合理的空间划分与组织。交通流线包括有形和无形两种。有形指门厅、走廊、楼梯、户外的道路等；无形指其他可能用于交通联系的空间。计划时应尽量减少有形的交通区域，增加无形的交通区域，以达到空间充分利用、自由灵活和缩短距离的效果。区域划分与交通流线是居住空间整体组合的要素，唯有两者相互协调，才能取得理想的效果。

室内空间泛指高度与长度、高度与宽度共同构成的垂直空间，它是多方位、多层次的，有时还是相互交错融合的实与虚的立体空间。立体空间塑造有两个方面的内容：一是贮藏与展示空间的规划（序列关系），二是通风、调温和采光设施的处理。可以采用隔、围、架、透、立、封、上升、下降、凹进、凸出等手法，或安置可移动的家具、陈设品等，辅之以色、材质、光照等虚拟手法的综合组织与处理，以达到空间的高效利用。

第四节 功能分享，和谐共处

群体生活区是以家庭的公共需求为对象的综合活动空间，是一个可以共享天伦之乐兼联谊情感的日常聚会空间。它不仅可以调节心情，陶冶情操，而且可以联系感情，增强幸福感。一方面它作为家庭生活聚集的中心，在精神上反映着和谐的家庭关系；另一方面它还是家庭和外界交流的场所。家庭的群体活动主要由交谈、视听、阅读、就餐、户外活动、娱乐及儿童游戏等内容构成。由于不同的家庭结构和家庭成员年龄特点的不同，这些活动的规律、状态表现出极大的差异。通常，我们可以从室内空间的功能方面着手，依据不同的需求定义出群体活动空间，主要包括玄关、客厅、餐厅等。

一、入户玄关，曲径通幽

玄关也叫门厅，源于佛教，原本的含义指佛教的入道之门，佛教的教义里面有"出玄关入玄关"一说，被我国古人应用于空间的布置之中，玄关作为入口的概念就是由此而来。

玄关为居室主入口直接通向室内的过渡性空

图 2-2 玄关

间，它的主要功能是家人进出和迎送宾客，也是整套住宅的屏障。门厅面积一般为 $2 \text{ m}^2 \sim 4 \text{ m}^2$，面积虽小，却关系到家庭生活的舒适度、品位和使用效率。该空间内通常设置鞋柜、挂衣架或衣橱、储物柜等，面积允许时也可放置一些陈设品。

中国文化讲究的是内敛，体现在住宅上就是一个非常生动的形式，外面的人无法直接看到室内人的活动，但又会好奇地一瞥，这一瞥只能看到玄关这面墙，这个墙面能够体现出主人家的品位，体现出阶级或者富有程度等，也能给主人家带来一种领域感（图 2-2）。

二、共聚客厅，其乐融融

客厅是家庭群体生活的主要活动场所，供人起居会客、休闲娱乐，在中国传统建筑空间中称为"堂"。在面积条件有限的情况下，一般客厅与起居室常是一个功能空间的概念。客厅是居室环境使用最集中、最频繁的空间，能体现出主人的身份、修养和实力。所以应考虑将其设置在住宅的中央或相对独立的开放区域，常与门厅、餐厅相连，同时要选择日照最为充分、最能联系户外自然景观的空间位置，以营造出伸展舒适的心理感受。原则上，客厅应具有充分的自然生活要素和完善的人为生活设施，使各种活动皆能在良好的环境条件下进行，使人获得舒适感，包括合理的照明、良好的隔音、灵活的温控、充分的贮藏和实用的家具等。更为重要的是，应将客厅的设备安置在能发挥最佳功效的空间位置，形成流畅协调的连接关系。同时，设计客厅时必须充分考虑家庭性格和目标追求，以选择与之相适应的设计风格和表现方式，达到所谓的"家庭展览橱窗"的效果。客厅的装饰要素包括家具、地面、天花板、墙面、灯饰、门窗、隔断、陈设品、植物等（图 2-3）。

图 2-3 客厅

在设计的时候我们要考虑以下四点：

第一点，合理的照明。

第二点，良好的隔音效果。

第三点，灵活的温控。

第四点，充分的储藏空间和实用的家具设备。

三、优雅餐厅，美食美味

餐厅是家庭日常进餐和宴请宾客的重要活动空间，可以分为独立餐厅、与客厅相连的餐厅、厨房兼餐厅等。

在有明确设计风格的前提下，家庭用餐的空间适宜营造出亲切、淡雅、温馨的环境氛围，采用暖调明度较高的色彩、具有空间区域限定性的灯光效果和柔软自然的材质，以烘托餐厅的整体特征。在现在的单元住宅中，餐厅在大多数情况下是与客厅毗邻的开放空间，独立将一个房间作为餐厅使用的户型相对较少。餐厅空间涉及的内容往往包括一套餐桌椅以及布置在周围的灯、吊顶、地铺及餐边柜等（图 2-4）。

图 2-4 餐厅

码 2-2 分享与共处

第五节 自我隐私，心灵空间

私密空间其实是相对于客厅、餐厅、厨房这些供家庭成员交流、会友的"共享"空间来说的，特指卧室、梳妆间、衣帽间、浴室这类个人活动性较强的私人空间。它与其他空间在视觉上、空间上都没有或只有很小的连续性，保证了空间使用上的相对独立性、安全性和私密性。

一、舒适卧室，日暖风和

卧室是住宅中最具私密性和安宁性的空间，其基本功能有睡眠、休闲、梳妆、盥洗、贮藏和影音等，其基本设施配备有床、床头柜、衣橱或衣帽间、盥洗间、休息椅、电视柜、梳妆台等。卧室以床和床头柜为主要家具，并以此结合家庭特征展开环境的构想与设计。一般说来，卧室的色彩应淡雅，色彩的明度稍低于起居室，灯光配置应有整体照明和局部功能照明，但光源应倾向于柔和的间接形式，各界面的材质和造型应自然、亲切、简洁。同时，卧室的软装饰品（窗帘、床罩、靠垫、地毯等）的色、材、质、形应统一协调。空间中还可适当配置一些具有生活情趣的陈设品，以营造出恬静、温馨的空间氛围（图2-5、图2-6）。

码2-3 自我与隐私

图2-5 卧室1

图2-6 卧室2

二、静谧书房，开卷有益

居室中的书房是家庭成员工作与学习的地方，一般附设在卧室的一角，也有紧连卧室独立设置的。书房中配置的家具有写字台、电脑桌、书柜等，也可根据屋主的职业特征和个人爱好设置特殊用途的器物，如设计师的绘图台、画家的画架等。其空间环境的营造宜体现文化感、修养感和宁静感，形式表现上讲究简洁、质朴、自然、和谐（图2-7）。

三、盥洗卫浴，干净整洁

卫生间的基本设备有洗脸盆、浴缸（沐浴房）、马桶，其设备配置应以空间尺度为依据。由于所有基本设备皆与水有关，给水与排水系统（特别是抽水马桶的污水管道）必须合乎国家标准，地面排水斜度与干湿区的划分应妥善处理。卫生间要配备通风、采光和取暖设施。在通风方面，可利用窗户进行自然通风，也可用抽风机进行排气。在采光设计方面，应设置普遍照明和局部照明形式，尤其是洗脸与梳妆区宜用散光灯箱或发光平顶以取得无影的局部照明效果。此外，还应设置风暖等取暖设备。除了上述基本设施外，还应配置梳妆台、浴巾与清洁品贮藏柜和衣物贮藏柜。此外，必须注意所有材料的防潮性能。

原则上，卫生间应为卧室的一个配套空间，理想的住宅应为每一间卧室配一个卫生间。在住宅中如有两个卫生间，应将其中一间作为主卫，供主人专用，另外一间作为客卫，供客人及家庭其他成员使用。如只有一间，则应设置在卧室区域的中心点，以方便使用（图2-8）。

图 2-7 书房

图 2-8 卫生间

第六节 居家烟火，炊金馔玉

家务活动区域又可以称为家庭服务区，它为一切家务活动提供必要的空间，同时也使这些家务活动与其他活动空间分开，不影响住宅中其他空间的使用功能。通常意义的家务活动以准备食物，洗涤餐具、衣物，清洁环境，修理设备为主。配置良好的家务活动区域可以提高家庭成员的工作效率，使膳食调理、衣物洗熨、维护清洁等复杂事务都能顺利完成。首先，应当给每一种活动安排一个合适的位置；其次，应当根据设备尺寸及人体工程学原理设计一个合理的尺度；再次，在条件允许的情况下，通过使用现代科技产品，使家务活动能在正确舒适的操作过程完成，使其成为一种享受。

一、厨房

厨房是专门处理家务膳食的工作场所，它在家庭生活中占有很重要的位置。其基本功能有贮物、洗切、烹饪以及用餐后的洗涤整理等。从功能布局上可分为贮物区、清洗区、配膳区和烹调区四个部分。根据空间大小和结构，其组织形式有 U 形、L 形、F 形、廊形等。基本设施有洗涤池、操作平台、灶具、微波炉、抽油烟机、冰箱、储物柜、热水器，有些可带有餐桌、餐椅等。

厨房中最重要的家具就是橱柜。橱柜包含了操作台面与储物柜两个部分。一般橱柜的宽度是 50 cm~65 cm，高度是 70 cm~80 cm。宽度小于 50 cm，会影响成品燃气灶及台盆的安装；高度低于 70 cm，人在切菜洗碗时弯腰幅度较大，会导致腰酸背疼，不符合人体工程学原理。设计时一定要结合业主的实际身高来定制橱柜（图 2-9）。家务活动区域规划是方便整个居住空间人们生活起居的必要因素，在设计时要注意其便利性及空间尺度。家务活动区域的设计最容易体现设计的细节，需要认真对待。

图 2-9 厨房

码 2-4 便利的
厨房

思考与练习

1.当今社会我国城镇最主要的居住形式是什么?

2.居住空间设计应怎样遵循"以人为本"的设计
原则?

3.居住空间设计的目标体现在哪两个方面?

4.居住空间设计的四大基本要素是什么?

5.居住空间一般分为哪三大类空间类型?

6.玄关的主要功能是什么?

7.客厅设计时需考虑的重点问题是什么?

8.居住空间设计中私密性空间一般包括哪几种空
间类型?

9.卫生间应该具备的主要设备有哪些?

10.厨房空间是否需要大量的储藏功能?

一

第三章

居住空间设计
方法与表达

第一节 主观思维，灵感迸发

居住空间的设计装修是一项工程，欲求完美就需要像做文章一样，先确定主题，然后构思人物和情节。可以说构思、立意是居住空间设计的"灵魂"，而正确的思维方法是设计成功的关键。在居住空间设计中，我们主要运用系统思维法、抽象与形象思维法和综合思维法。

一、以一驭万——系统思维法

居住空间设计是一个很大的系统，它包含形、色、光、质等子系统，而这些子系统又由一些更小的分系统组成，如家具、陈设、照明、材料工艺等。我们应该用系统的思维方法来考虑问题，从整体出发，辩证地处理部分与整体、功能与技术、空间与环境之间的关系，从而找到最合理的设计方案。

系统思维方法可以归纳为系统分析法与系统综合法。

1. 系统分析法

系统分析法是指在进行居住空间设计的研究过程中，把设计项目分解为若干部分（即子系统），并根据各个部分的设计要求，有目的、有步骤地分别进行设计探索与过程分析。

例如，在某一高档别墅的室内设计中，构成这套别墅的各个空间都可以被视为子系统。在我们研究该别墅中的某一空间之前，必须先从整体出发进行功能分析，以功能关系图的形式合理地列出别墅若干功能空间之间的相互关系(图3-1)。这个思维过程就是一种系统分析。在进行具体系统分析法时，要注意以下两个方面：

（1）细致周全，有条不紊。

任何室内设计项目都包含若干子系统，同时各子系统又有自己的分系统，在系统分析中都要考虑周全，不可遗漏。

例如，在设计别墅时，有些设计师往往把主要精力放在空间视觉效果表现上，而忽视了对一些辅助功能的设计。这样别墅建成后，就会给使用者带来诸多不便，从而影响他们的生活质量（图3-2）。

码3-1 主观思维的灵感碰触

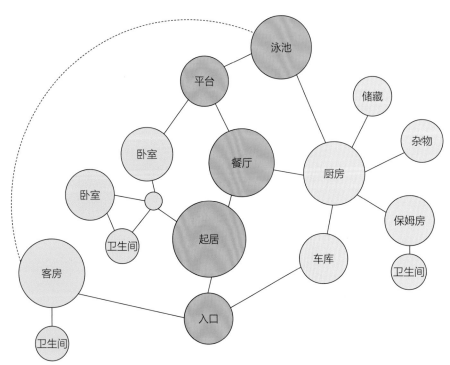

图 3-1 别墅空间功能关系

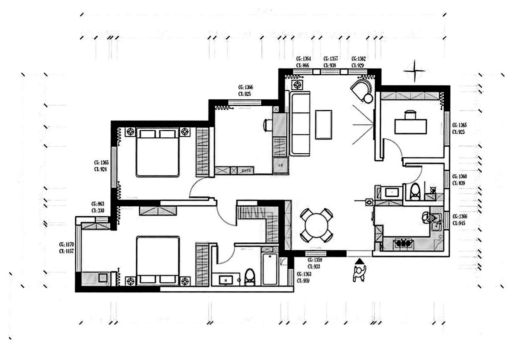

图 3-2 收纳与储物空间平面布局实例

（2）重点突出，不断完善。

对于某一室内设计构思来说，在不同阶段，设计的不确定因素也是不同的。只有抓住该阶段重点的不确定因素，才能找到解决设计问题的方法，使设计方案不断深化完善。

2. 系统综合法

系统综合法实际上是对系统分析的结果进行思考和评价，权衡各种方案的利弊得失，从中选择可继续发展的方案的过程。我们可以从以下两点进行详细论述。

（1）客观性的评价，多方面比较。

评价的质量直接影响着方案的选择，为了选出相对理性的方案，要求资料尽可能周全，以便为评价提供充分的依据。同时还要避免主观倾向性，可对若干方案进行多方面比较，实事求是地对方案进行客观评定。

（2）取长补短，优化方案突出个性。

在若干备选设计方案中进行选择，突出方案个性，确定方案后，还要继续对其进行优化，对未入选的方案加以研究，取长补短。

二、神形兼备——抽象与形象思维法

1. 抽象思维法

抽象思维是一种理性的逻辑推理过程，人们在这一过程中对所有的信息进行分析、整理、归纳，并通过合理的评价体系，对信息进行比较、综合，从中得出阶段性结论，再随着新的信息出现转入下一轮逻辑推理过程，如此循序渐进直至达到最终结果。

那么，在居住空间设计中，我们进行抽象思维时要考虑哪些问题呢？

（1）目标选择。

做任何设计项目，设计师都要明确设计的最终目标是什么、要达到怎样的效果。这需要经过理性分析和逻辑推理来实现，不能只是随意选择。

（2）外部环境对设计的约束。

居住空间设计受建筑物群体水平、建造风格和楼层布局等多种因素的制约。

（3）业主的要求。

居住空间设计的最终目的是满足使用者的使用需求。要充分了解和鉴别业主的各种要求，吸收合理的需求。

（4）设计意念的确定。

在动手设计之前，设计师要在理性思维的引导下，运用抽象思维推导出较为正确的设计理念，形成立意构思。

（5）技术手段的选择。

居住空间设计的方案最终是要通过材料、施工技术来实现的，这就需要设计师在设计之时，将设计理念与技术手段紧密结合，最终达到预期目标。

（6）鉴定与反馈。

整个居住空间设计过程是建立在设计者和业主充分沟通的基础上的，要通过不断的信息反馈修正和完善前一阶段设计的成果，其中逻辑思维起到了一定的推动作用。

2. 形象思维法

形象思维是借助具体形象展开的思维过程，亦称直觉思维。居住空间设计的重要内容之一就是"形"的创造，包括空间形态和室内一切形体的创造。那么设计师应该具备哪些能力呢？

（1）设计师对"形"的理解力。

居住空间设计是一种对空间艺术和造型艺术的创造，这就决定了设计师对空间设计的思考必须以具体形象为基础。例如，当我们构思居住空间的空间划分时，要将建筑平面、剖面图转换成三维的空间概念，即立体的空间形象。

（2）设计师对"形"的想象力。

设计的过程就是具体形象的创作过程，大到空间的形态，小到细部的节点，都具有形象特征。设计师在设计初期需要通过想象，即运用形象思维在脑中建立虚拟形象，再刺激视觉，进而促进形象思维的进一步发展。

三、全局统筹——综合思维法

居住空间设计涉及多学科交叉的工程设计领域，我们需要结合实际情况，综合多种思维方式构思出合理的方案，这些思维方法包括创造性思维法、图示思维法等。

1. 创造性思维法

创造性思维不仅表现为做出了完整的新发现和新发明的思维过程，而且还表现为在思考的方法和技巧上，在某些局部的结论和见解上具有新奇独到之处的思维活动。创造性思维法的有效途径有以下两种：

（1）发散思维与收敛思维相结合。

发散思维是一种不依常规套路，从多方面寻求答案的思维方式。收敛思维是在对设计的分析、综合、比较的基础上进行推理归纳，从并列因素中做出最佳选择的思维方式。发散思维是收敛思维的前提和基础，而收敛思维是发散思维的目的和效果。在设计过程中，这两种方法都不能一次性完成，往往需要经过反复尝试，最终实现设计目的。

（2）发挥逆向思维的作用。

逆向思维是指不按常规思路，与自然过程相反，打破常规思维方式，从另一个角度去认识事物，发现事物的新特征的思维方法。这样有利于拓宽思路，产生创造性思维的成果。

2. 图示思维法

图示思维就是借助手绘的形式，把思维活动形象地描述出来，并通过视觉来反复刺激思维的进一步活动，促使设计方案发展和生成的思维方法。因为居住空间设计的目标之一是创造包括平面、空间的"形"。

图示思维与其他思维的最大不同在于手的参与，这是室内设计专业特有的思维方式，手绘也是室内设计师个人设计功底与综合能力的体现。

第二节 艺术与科技的完美邂逅

一、以人为本——基本法则

人的生活是丰富而复杂的，创造理想的生活环境应树立"以人为本"的思想，首先要弄清"环境与人的行为关系"。现代住宅内部空间包含了人的全部生活场所，其功能空间各有特点，但组成部分是基本固定的，主要包含卧室、客厅、餐厅、厨房、卫生间、书房和辅助用房等。设计的基本法则是基于人的行为活动特征而展开的。

1. 基本功能

不同的空间使用功能对环境的需求不同。群体生活区（闹区）及功能主要体现在起居室、餐厅、休闲室等。私密生活区（静区）及功能主要有卧室、书房等。家务活动区及功能性空间主要有厨房、储藏间等。

2. 平面布局

住宅室内空间的合理利用在于，充分发挥居室的使用功能，对室内不同功能区域进行合理分割、巧妙布局，了解这些基本法则可以让我们的居住环境更加合理而舒适。

二、如画如诗——色彩配置

色彩与我们的生活有着密切关系。"设计色彩配置"主要包括以下三个方面的内容：

1. 色彩的基础知识

（1）三要素。
①色相即颜色的种类和名称。
②明度（亮度）即色彩的明亮程度。
③纯度（彩度）即色彩的强弱程度或鲜浊度。
（2）色彩的混合。
①色彩三原色指色彩中不能再分解的三种基本颜色，即红、黄、蓝。
②复色指用任何两个间色或三个原色相混合而产生出的颜色。
③补色指在色环中直接相互对应的颜色。
④同类色指色环中相邻或相近的颜色。

2. 色彩的心理效应与生理效应

色彩心理效应指色彩对人的心理情感所产生的影响。色彩生理效应指色彩对人的感官及机体机能所产生的影响。色彩有冷暖之分。冷色系，给人以冷静、沉思、智慧、安全和清新的感觉。暖色系能提高人的积极性，使人感到兴奋，增强人的活力；能诱发食欲，使人加快就餐，增加环境客流量，从而提高经济效益。

3. 色彩的联想与应用

（1）色彩的联想指通过刺激想到的与它有关的事物。

联想是以过去的经验、记忆或知识为基础的。联想受人的性格、生活环境、文化程度和职业影响，但具有共性。

（2）色彩在居住空间设计中的应用。

室内环境往往受到环境空间使用功能的影响。恰当的色彩应用，能使环境空间达到实用性与装饰性的完美统一。起居室色彩应设计得活泼些，但不宜太强烈，以免使人产生烦躁情绪。可以中间色调为主，局部小面积选用纯度较高的颜色，如地毯、壁饰等。卧室的色彩可根据使用者喜好，选用暖色或冷灰色等为主色调。

人们对不同的色彩表现出不同的喜恶，这种心理反应常常是由人的生活经验及由色彩引发的联想造成的，此外也与其年龄、性格、文化素养、民族、生活习惯有关，其中对色彩的心理反应也因人而异，不可能完全取得一致的意见。

三、百花齐放——配色条件

1. 不同性格、年龄对居住空间色彩的需求

一般情况下，外向的人喜欢暖色、亮色，内向的人喜欢沉稳的颜色。儿童喜欢纯度较高、鲜艳的色彩，老年人则喜欢明度、纯度都比较低的色彩。青年人大多追求个性的张扬，要求突出自我，色彩的选用范围较广，通常选择充满时代气息的色彩。

2. 不同工作性质及职业对居住空间色彩的需求

医生常接触血色，家居中要适度配以绿色来平和心境；军人可适当用一些鲜艳色彩来调剂军营的单调颜色；交警每天接触红绿灯，家里尽量避免出现红绿色，以减少紧张情绪；为了体现出财富与实力，商人家中常会出现能够体现豪华大气、金碧辉煌的色彩。

3. 不同地域的人对居住空间色彩的喜好

不同民族地域的人对色彩的喜好不同。以中华民族为例，中华民族独特的"五色体系"根植于民族文化基因中，不仅促成了其艺术风格的形成，也广泛地影响着人们生活的方方面面，形成了独具特色的东方文化色彩体系。红色为"正色"

之首，有幸福、吉祥的寓意，常被应用于充满喜庆氛围的婚房等居住空间中。红木色作为中式家居的代表色，从明清时期一直延续至今。紫色不在五行之列，却在间色中占据很高的地位。檀木紫色家具和室内装饰增添了中式风格的优雅与庄重。在中国古代，黄色有着特殊的意义，它象征着财富和权力，是尊贵和自信的色彩，并且明黄色曾经是皇族的专用色。

色彩充分满足了不同人群的不同需要，在居住空间设计中只要熟练掌握并合理地利用所学知识，即可达到设计目的，满足设计需求。

四、张灯结彩——空间照明

居住环境的采光和照明可分为自然光与人工照明两大部分，在很大程度上决定了居住空间设计的质量。

1. 自然光

设计师要利用各种手段对自然光进行调节、修正或控制，如调节自然光的角度、强度和照射方式等，从而使自然光与室内空间亮度相吻合，达到较好的采光效果。对自然光线的调节可以采用以下两种方式：

（1）利用窗帘、采光格栅或开启天窗等方法对直射的光线进行调节，以获得合适、稳定的采光效果。

（2）采用自然光与人工照明相结合的方式来弥补和改善自然光线强度变化不定及色温单一的缺点。

2. 人工照明

良好的室内照明设计，不仅要保证室内空间有充分的照度水平，还要保证有良好的显色特性。我们可以通过组合各种不同种类的光源，使综合的照明光源的光谱特性最大限度地接近自然光线或我们所设想的特殊效果，这种方法称为混光照明（图3-3）。

人工照明是室内采光设计的重要部分，主要分为漫射照明、气氛照明、工作照明和重点照明。

图 3-3 混光照明效果

图 3-4 漫射照明效果

（1）漫射照明。

漫射照明可以给空间提供一个均衡的、层次广泛的光源漫射照明的装置，如吊灯、吸顶灯、有灯罩的白炽灯等（图 3-4）。日光灯是这种照明的主要形式，它可以为我们提供一个光线柔和的工作空间，适用于厨房、书房等。

漫射照明的特点是光质单调乏味，不适用于富有浪漫情调的空间，如卧室、起居室等。

（2）气氛照明。

这种照明光源来自间接照明灯具，其光线照射在墙壁和天花板后反射到整个室内空间，用以营造柔和的空间氛围。如环绕室内顶棚的筒灯和暗设在吊顶檐板内的灯带，光线柔和宁静，令人愉悦（图 3-5）。

（3）工作照明。

这种照明方式直接使光源照在人们工作的区域，如阅读区、写作区、绘画区、厨房操作区。工作区域照明应与其他照明方式结合，使照明层次更丰富。例如，厨房内的漫射照明与区域照明搭配。另外，要求照度适当，避免照度过高，造成能源浪费和损害人视力的问题（图 3-6）。

图 3-5 气氛照明效果

图 3-6 工作照明效果

（4）重点照明。

重点照明采用精心布置的较为集中的光束照射某物品、艺术品、盆景或某些细部结构，其主要目的是取得一定的艺术效果。重点照明光线柔和，不仅可以给人带来安宁舒适的感觉，还可以增强空间的艺术感染力，如蜡烛或壁灯、地灯照明（图3-7）。

3. 眩光

视野中的物体亮度过高，或者与背景亮度对比强烈，会使人产生刺目的感觉，这种情形称为眩光。在照明设计中应尽量避免眩光，可采取以下两个方面的措施：

（1）利用灯罩来遮挡光源，使光源、灯罩和人的眼睛形成一定的位置关系，即保护角。

（2）采用间接的照明方式，使光线经过反射或漫射后，均匀散射在被摄物体上。

在具体实践中，可采用间接型灯具、特殊设计的灯罩、暗槽灯及发光天棚等，使光源的光线不至于直接进入人的眼睛，或是使光源的表面积增加，从而达到降低光源表面亮度的目的。

图3-7 重点照明效果

第三节 感性思考的理性表达

一、抽丝剥茧——前期筹划

当我们接到一项设计任务时，首先要进行设计前期的准备工作，包括理解和分析设计任务书、调查研究等。

1. 理解和分析设计任务书

设计任务书是对设计内容的文字表述，是居住空间设计的指导性文件，是设计师设计的依据。

（1）项目内容。

项目内容涉及设计师所有工作内容，设计任务书中一般会详尽列出甲方的设计要求。

（2）项目要求。

项目要求明确了甲方对各个空间的具体要求。

（3）项目标准。

居住空间设计的标准是有弹性的，主要表现在用材和材料单价的差距上。在设计阶段，设计师可根据相关行业国家标准控制成本，比如以总投资数额或每平方米造价进行控制。

（4）设计周期。

无论是实际工程项目还是课程作业，都要严格控制设计时间，这就对设计周期提出了严格的要求。设计师明确设计周期的要求是非常有必要的，以便采取相应的对策制订工作计划。

2. 调查研究

理解设计任务书仅仅是前期准备工作的内容之一，接下来就要多收集第一手相关资料，即进行调查研究，程序如下：

（1）咨询业主。

多次与业主沟通不仅可以获得更多的信息，还可以更进一步地了解业主的需求，明确设计目标。

（2）勘测现场。

设计师不能仅依靠建筑图纸就展开施工，必须要到现场进行核对，若有变动，应在现场做好记录，以便及时校正图纸（图3-8）。

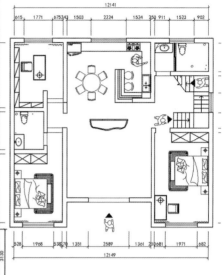

图 3-8 勘测现场

（3）查阅资料、考察实例。

首先，要查阅相关的设计规范、图集，避免出现不符合国家规范的情况。这样做还能帮助设计师拓宽眼界、开阔思路。

其次，考察实例。查阅资料能够获取和积累知识，而考察实例则能使设计师体验到真实的效果。我们可以将实例中的许多细部构造和设计、施工的做法看作"教科书式"的教学案例。

二、行针步线——创作设计

方案设计应以满足使用功能为基础，造型应以完善视觉审美为目的，二者相互结合、互相兼顾、不断调整，按照"功能决定形式"的先后顺序进行设计。居住空间的设计方案程序及构思思维导图如图 3-9 所示。

方案设计一般有三个步骤：

1. 从平面设计开始，完善功能布局

由平面开始，对居住空间进行功能设计。平面设计是居住空间设计的基础环节，能反映出人的使用问题，设计师要依据业主的使用需求，完成平面图设计（图 3-10）。

那么，绘制室内空间的平面图要注意哪些内容呢？

（1）考虑各空间的用途，根据每个家庭的具体情况进行空间划分。空间的大小及用途要结合业主的家庭情况及需求进行整体考虑。

（2）考虑空间的分隔方式。采用不同的分隔方式，可使空间层次更生动。

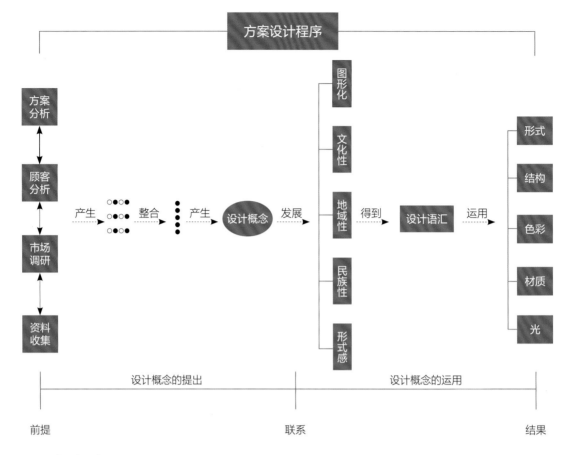

图 3-9 设计程序示意图

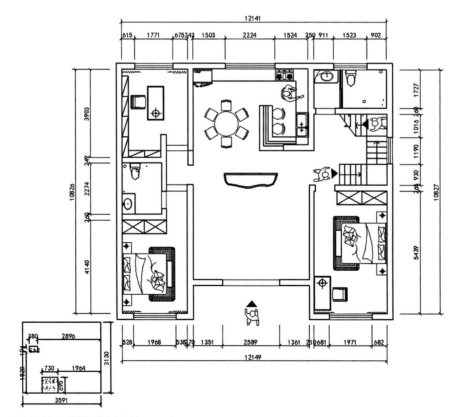

图 3-10 别墅平面图（单位：mm）

图 3-11 封闭式分隔

图 3-12 局部分隔

图 3-13 象征性分隔

封闭式分隔，以砖墙、木制隔断或高柜来分隔空间，人的视线完全被阻隔，这种方式不仅隔音效果好，还形成了一个私密性的空间（图3-11）。

局部分隔，以透空式的博古架、矮柜、不到顶的矮墙或透空式的墙面来分隔空间，人的视线不被完全阻隔，强调空间的连续性与流动性（图3-12）。

象征式分隔，以建筑架构的梁柱、材质、色彩、绿化植物以及地面的高低差等来区分空间，使其在人的心理层面上仍是两个分隔的空间。（图3-13）。

（3）考虑各空间之间的动线是否流畅、家具设备是否合理等。

2. 平、立、剖结合，风格造型统一构思

居住空间的基本功能布局确定后，需要整体构思其造型和艺术风格。通过绘制立面图和剖面图，设计空间地面、墙面和顶面等界面的造型、色彩与材质，确定家具的款式、色彩和材质等，以深化设计构思。

3. 图纸表达

方案设计阶段的最终目标是绘制正式的施工图纸，通常包括平面图、顶平面图、立面图、剖面图、透视图等，最后制作模型。

三、匠心打造——施工实施

1. 施工图设计

在方案设计完成并得到业主的认可后，签订合同，然后完成施工图纸。

首先，应与水、电暖等专业领域共同协调，确定相关专业领域的平面布置、尺寸、标高及做法、要求，使之成为施工的依据。要详细标明尺寸和材料，并对各部分加以文字说明，如注明家具的尺寸、形式、油漆或面料的颜色等，还要绘制需单独加工的家具的大样图。

剖面图和细部节点构造详图是施工图设计阶段图面作业的主体内容，施工图的设计需严格按照《房屋建筑制图统一标准》《建筑制图标准》等国家标准进行绘制。施工图设计要注意以下四个要点：

（1）装饰施工图设计是一种技术服务。

（2）施工图设计要严格遵循设计规范和标准。

（3）施工图设计涉及多项法律规定，其中包括建筑法、环保法、土地管理法等。

（4）施工图要简洁、明确和易懂。

2. 施工图图纸的主要内容

（1）平面布局图（图3-14）。

平面布局图，假想用一水平的剖切平面，沿需装饰房间的门窗洞口处做水平全剖切，移去上半部分，对剩下部分所做水平正投影图，一般采用1∶100或1∶50比例绘制。平面布局图上应标注的内容包括：

①尺寸内容。其中包括：建筑结构的尺寸，装饰布局和装饰结构的尺寸，家具、设备等尺寸。

②装饰结构的平面布置、具体形状及尺寸，饰面的材料和工艺要求。

③室内家具、设备、陈设、织物、绿化的摆放位置及说明。

④门窗的开启方式及尺寸。

⑤各面墙的立面投影符号或剖切符号。

（2）顶棚平面图（图3-15）。

用一个假想的水平剖切平面，沿需要装饰房间的门窗洞口做水平全剖切，移去下半部分，上面部分的镜像投影就是顶棚平面图。所谓镜像投影是镜面中反射图像的正投影。

顶棚平面图用于反映房间顶面的形状、装饰做法及所属设备的位置、尺寸等内容。

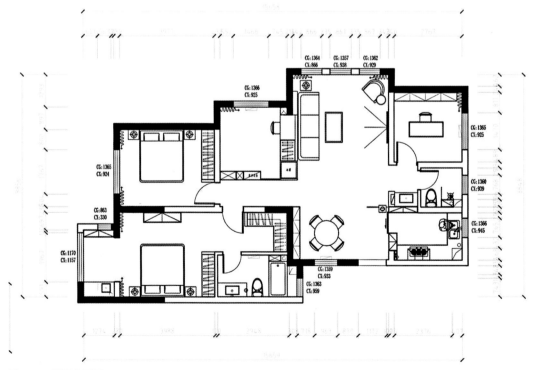

图3-14 平面布局图

（3）施工图立面图（图3-16）。

将建筑物装饰的外观墙面或内部墙面向铅垂面所做的正投影图就是立面图。图上主要反映墙面的装饰造型、饰面处理，以及剖切到的顶棚的断面形状、投影到的灯具或风管等内容。通常用1：100、1：50或1：25的比例绘制。

施工图立面图要标注的内容如下：

①在图中用相对于本层地面的标高，标注地台、踏步等的位置及尺寸。

②顶棚面的距地标高及其叠级（凸出或凹进）造型的相关尺寸。

③墙面造型的样式及饰面的处理。

④墙面与顶棚面相交处的收边方法。

⑤门窗的位置、形式，墙面、顶棚面上的灯具及其他设备。

⑥固定家具、壁灯、挂画等在墙面中的位置、立面形式和主要尺寸。

⑦墙面装饰的长度及范围，以及相应的定位轴线符号、剖切符号等。

⑧建筑结构的主要轮廓及材料图例。

（4）装饰剖面图（图3-17）。

装饰剖面图是将装饰面（装饰体）整体剖开或局部剖开后，得到的反映内部装饰结构与饰面材料之间关系的正投影图。一般采用1：10～1：50的比例，有时也要绘制出主要轮廓、尺寸等。

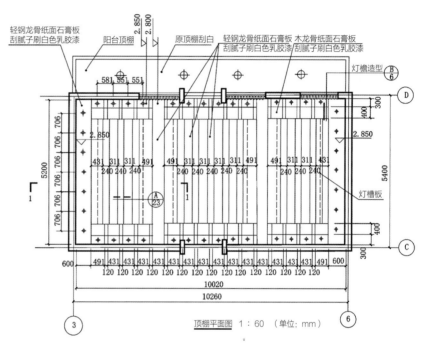

图 3-15 顶棚平面图

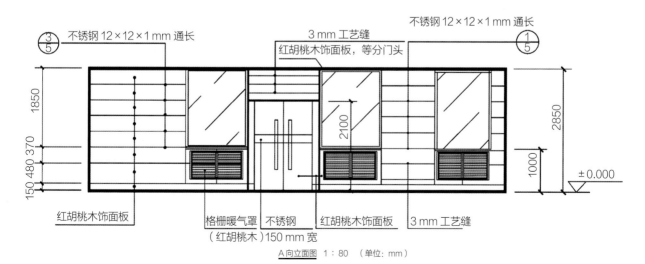

图 3-16 A向立面图

（5）节点结构详图（图3-18）。

节点结构详图是前面所述图样中未标明的地方，使用较大比例画出的用于施工图的图样，也称作大样图。一般也是采用1：10～1：50的比例，主要用于表示装饰节点的详细做法。

3. 居住空间装修工程

方案实施阶段的施工图设计完成后，即可开始居住空间装修工程的施工，主要包括结构工程、装修工程、安装工程、装饰工程等。

4. 施工监理

设计人员要与施工单位代表一起做好施工监

理工作。施工监理工作内容主要包括：对用材用料、设备选定、施工质量等进行监督，完善设计图纸中未完成部分的构造做法，处理施工过程中产生的矛盾及局部设计的变更，按阶段检查工程质量，并参加工程竣工验收。

5. 验收

完工后要对工程进行验收。业主的验收标准要以装饰合同、业主签字的施工图及国家相关部门对装饰工程质量检验的有关文件为依据，对家具、电力线路、门窗、地面、墙面、给排水系统等进行验收。

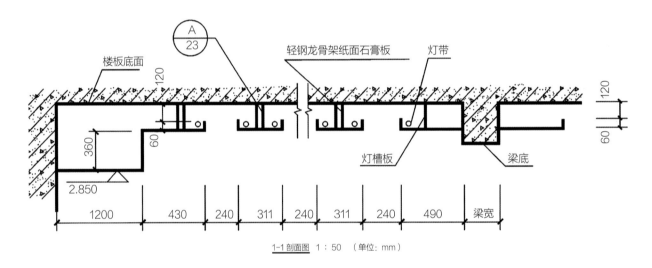

图 3-17 顶棚剖面图

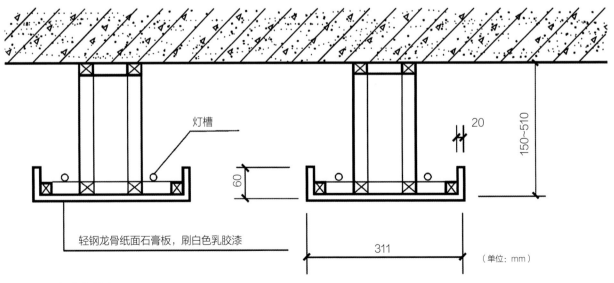

图 3-18 顶棚节点详图

第四节 设计表现的诗情画意

一、看家本领——创意表现

对于效果图创意表现来说，我们可以把立意构思看作灵魂，把准确的透视关系看作形体骨骼，绝佳的明暗色彩表现看作血肉，三者缺一不可。设计效果图可以分为电脑效果图和手绘效果图。电脑效果图能让人产生身临其境的感受；手绘效果图能更形象、更具体、更生动地表达设计意图和设计构思，具有绘制相对容易、速度快等优点，其在设计投标、设计定案中起着重要作用。

二、一本万殊——基础表现

透视是指在二维平面中构建三维立体空间透视关系。居住空间设计中常见的透视方法有一点透视、一点斜透视、两点透视等。制图中常用的图法用语有：基线（GL）、视点（SP）、画面（PP）、视平线（HL）、消失点/灭点（VP）、任意点（M）。

一点透视是一种常见的透视效果，即空间中的多条放射线交汇于一点，初学者较易理解（图3-19）。

一点斜透视能较生动完整地表现出空间效果，既弥补了一点透视不够灵活生动的缺点，也弥补了两点透视空间较局限的不足，能准确生动地表现出主体墙面及主要陈设之间的关系，使画面极具美感。

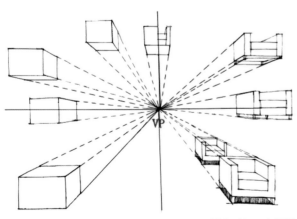

图 3-19 一点透视

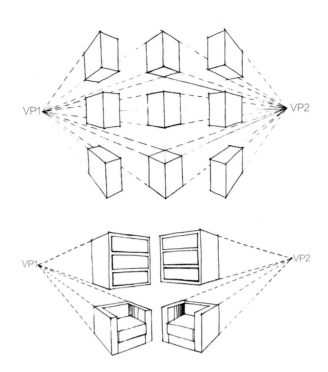

图 3-20 两点透视

两点透视指一个物体在画面中出现两个灭点。沿两点透视线的走向，所有几何形体两边呈现放射式线条，且最终消失于两个灭点（图3-20）。

三、行之有效——功能表现

几何形透视法可帮助我们快速掌握基础透视的绘制方法，为绘制室内空间打下良好的基础。

1. 一点透视（图3-21）

（1）利用比例尺确定空间高度为3 m，即线段A-D；空间宽度为5 m，即D-C；内墙尺寸即为A、B、C、D点连接起来的面积。

（2）由D点向上在DA线段上量取1 m~1.5 m后，绘水平线HL。自定义VP点于HL线上，分别将VP点与A、B、C、D四个点连接，并在这四个点上做延长。

（3）沿C在DC延长线上用比例尺量出室内进深米数（5 m），即点1、2、3、4、5。在HL视平线上确定任意点M，分别将M点与1、2、3、

4、5点连接并延长，交于VP-C延长线上得到1'、2'、3'、4'、5'。

（4）在1'、2'、3'、4'、5'点上沿水平方向作直线可得到室内横向线条。将DC线五等分，将VP点与DC上各点连接并延长，即可得到室内纵向线条。

2. 一点斜透视（图3-22）

（1）同一点透视表现方法一样，先确定墙体的宽度和高度、消失点及空间的长度，然后由一点透视变一点斜透视。

（2）延长CD线，按实际比例量出进深的相应尺度。在HL视平线上确定做生意点M（离AD距离略大于进深米数），连接M点与CD延长线上不同进深米数的各点并作延长线，各条延长线与VP-D延长线相交，得到点1、2、3、4、5。

（3）将B、C点沿VP-B、VP-C延长线作B'、C'点，连接A、B'、C'、D得到新的墙面，AB'C'D即为一点斜透视的墙面。（B'C'与HL为垂直关系，且为VP-B、VP-C上的任意点）。

（4）连接VP与CD的中心点并延长与5C'相交得到E点。

（5）连接4与E点并延长与VP-C延长线相交于1'，依次连接3、2、1、D和E，并延长与VP-C的延长线相交，得到2'、3'、4'、5'点。

（6）沿5点向上作垂直线，与VP-A的延长线相交，沿5'点向上作垂直线与VP-B的延长线相交，再将这两个交点连接，将1与5'相连。2、3、4、5各点也依此法画出，得到VP-A、VP-B的延长线上的交点，将各交点连接，得到图中所示透视关系。

3. 两点透视（图3-23）

（1）确定基线、视平线。首先画一条基线GL（x轴）并在其中心偏左或右做垂线（y轴）交于GL于点a1。利用比例尺在y轴量取空间高度为3m的线段，即a1-a2。在中间约1.5m处做水平线HL，且与y轴交于点a，HL即视平线。

（2）确定消失点。把特殊直角三角板倒放在视平线HL下方，将三角板的长边与视平线HL

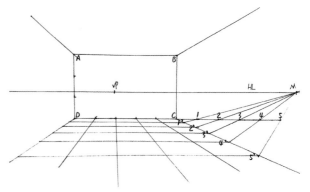

图3-21 一点透视

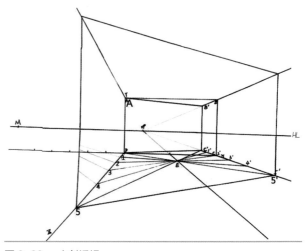

图3-22 一点斜透视

重合，60°角放在右侧，90°角的顶点b与y轴重合（b点尽量远离基线）。此时，三角板的两个锐角与视平线HL重合的点VP1和VP2，即是两点透视的两个消失点。

（3）确定测量点M1、M2。在视平线HL上以VP1为起点，VP1-b为线段长度，量取确认点M2的位置；同理，以VP2点为起点，VP2-b为线段长度，在视平线HL上量取确认点M1的位置。（也可利用圆规完成）

（4）构建空间结构线。连接VP1-a1、VP1-a2并延长，确定右侧墙面；连接VP2-a1、VP2-a2并延长，确定左侧墙面。

（5）确定透视宽度尺寸。以 a1 为起点，向 x 轴正方向（右）用比例尺分别量出室内空间长度（4m），即点 1、2、3、4。分别连接 M2 与 1、2、3、4 点，并延长至 z1 轴，得到点 1'、2'、3'、4'。分别连接 VP2 与 1'、2'、3'、4' 各点并延长，即得到空间透视线。

（6）确定透视长度尺寸。以 a1 为起点，向 x 轴反方向（左）用比例尺分别量出室内空间长度（4m），即 x 轴反向延长线上点 1、2、3、4。分别连接 M1 与 1、2、3、4 点，并延长至 z 轴，得到透视尺寸 1'、2'、3'、4'。分别连接 VP1 与 1'、2'、3'、4' 各点并延长，即得到另一组空间透视线，完成两点透视绘制。

码 3-3 设计表现的诗情画意

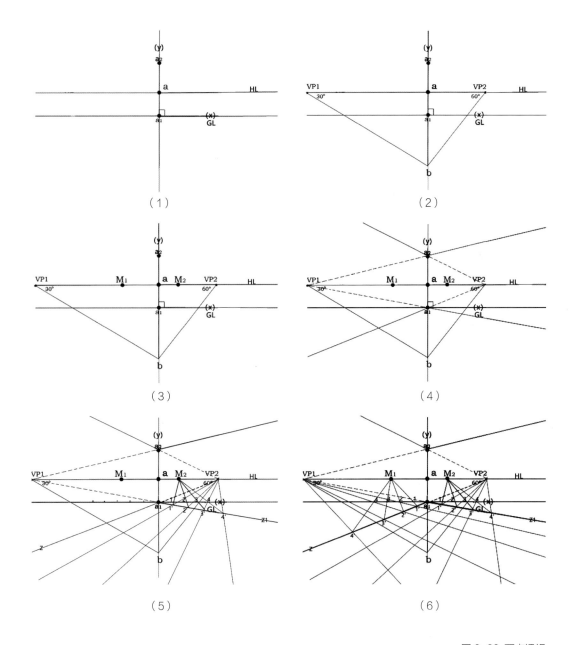

（1）

（2）

（3）

（4）

（5）

（6）

图 3-23 两点透视

图 3-24 儿童房一点、两点透视效果图 刘新宇（绘）

在熟练掌握基本制图方法的基础上，根据家具实际尺寸，即可完善室内透视效果图（图3-24）。

四、锦上添花——方案功能色彩表现

马克笔以其色彩丰富、着色简便、风格豪放和迅速成图的特点，受到设计师的普遍喜爱（图3-25）。对于绘画基本功较薄弱的人来说，马克笔的使用方法也比较容易掌握。

水彩是建筑速写中常用的一种表现方式。水彩颜料透明，适合多次渲染，色彩淡雅，层次分明，可营造出简洁、明快、生动的艺术效果。

水粉是手绘效果图表现技法中使用较普遍的一种表现手段（图3-26）。具有很好的覆盖力，画面厚重，易于修改。用色的干湿厚薄能使画面产生不同的艺术效果，适于深入刻画，表现丰富。

电脑数位板效果图制作简单而精致，用数控笔在电脑上画好后，用绘图软件稍作处理即可完成。3D电脑绘制仿真效果图可以让人产生身临其境的视觉感觉（图3-27）。

合理的色彩表现可以使设计方案风格鲜明、主题突出，从而加深观者的印象。对设计方案来说，色彩运用得好可达到锦上添花、先声夺人的效果（图3-28）。

图 3-25 马克笔技法表现效果图 邓云（绘）

图 3-26 水粉技法表现效果图 邓云（绘）

图 3-27 电脑绘制技法

图 3-28 长清区马套村居住空间室内设计

图 3-29 陶怡居客厅设计

合理的色彩搭配，可使观者与设计师产生情感上的共鸣，从而提升作品的宣传力和影响力。总之，色彩既是一种表现手段，也是一门艺术（图3-29）。

思考与练习

1. 如何运用系统思维方法分析原有建筑设计方案上存在的问题？

2. 在居住空间设计中，我们如何运用抽象思维对设计方案进行分析？

3. 作为设计师，如何运用图示思维进行方案设计？

4. 不同色彩会给人的心理、生理带来什么影响？选择几个实际案例进行分析说明。

5. 简述不同空间的使用目的及其对色彩搭配的需求。

6. 在居住空间照明设计中，如何避免眩光？

7. 方案前期该从哪些方面分析业主任务书？

8. 方案设计阶段分为哪几步，如何进行？

9. 居住空间装修工程的主要内容有哪些？

10. 浅析不同使用者对空间活动的需求。

11. 根据自己的喜好对指定空间做色彩设计，并绘制图稿和写设计说明。

12. 根据自己的喜好，选择一个室内设计图例进行分析，分析其所运用的色彩原理，指出其优缺点，并提出改进方法。

一

第四章

居住空间软装饰设计与应用

第一节 软硬有别，范畴区别

有句话是这样说的："造一所房子，装载着我们的故事。"

不管是优雅舒缓又具文化内涵的中国式园林（图 4-1），还是蓝天、碧海、白墙的地中海风格村庄，又或是自然质朴的大森林，抑或是充满自由、时尚和科技气息的后现代都市空间（图 4-2），软装饰设计在其中都起着决定性的作用。

图 4-1 中国式园林

图 4-2 都市里的客厅

图 4-3 软装家具

一、装饰艺术——软装概念

软装饰设计的学习就如同我们为美好的"故事"创造一个优美的环境、烘托合适的氛围，让该有的烛光晚餐浪漫而优雅，让温馨的阅读时间安静而纯粹，每一个家、每一个居住空间无论大小都充满情趣。

那么究竟什么是"软装饰设计"呢？"软装饰"是相对于建筑本身的结构空间所提出来的环境视觉空间和触觉感受的延伸与发展，是关于整体居住环境、空间美学、陈设艺术、生活功能、材质风格、意境体验、个性偏好，以及风水文化等多种复杂元素的创造性融合，是居住空间中可看、可触、可感的所有可移动元素的统称。（图 4-3 至图 4-5）

图 4-4 软装配饰 1

图 4-5 软装搭配 2

"设计"是一种设想、规划，而"软装饰设计"是通过选择、组合搭配，创造出与居住空间硬件设施相匹配，并能够满足居住者生活和审美要求与精神追求的理想环境的行为。

说到软装就不得不提到"装饰"一词。李泽厚先生在《美的历程》一书中说道："从石器的无定形到石器均匀、规整且有磨制光滑、钻孔、刻纹即所谓'装饰品'。对使用工具合规律性的加工是物质生产的产物，而'装饰'则是精神生产、意识形态的产物。"

在我国，"装饰"一词最早出自《后汉书·梁鸿》。"及嫁，始以装饰入门"是书中的原文，这里的装饰是指穿衣打扮。装饰要关注人的个性、喜好和追求。只有了解这些，再运用有效的艺术手段，才能使物质要素能够满足人的不同精神需求。软装饰设计是建立在关注人的个性、喜好和追求基础之上的装饰过程。

人类的祖先很早就在居住的洞穴岩壁上使用原始材料刻画一些神秘的岩画，用来装饰居住空间。到了新石器时期，人类祖先学会了制造彩陶，以及在石骨上雕刻各种丰富的纹饰，用于宗教祭祀和装饰。

从欧洲文艺复兴时期到18世纪中叶，各式各样的艺术作品成为室内空间环境不可分割的部分。19世纪中期到20世纪末，软装饰设计的主要目的是在房间里装满各种各样的收藏品，如绘画、挂毯、雕塑、古旧家具等。

所以从历史的角度看，"软装"一直是居住空间不可缺少的一部分。现代软装艺术起源于现代欧洲，从装饰派艺术开始被作为一个概念单独提出来，则诞生于20世纪20年代，这是一个充满机械动力感的时代。居住空间的设计渐渐丢掉了19世纪末期新古典主义风潮的包袱，走上现代化的道路，发展出一种介于古典主义与现代主义之间的折中主义建筑风格。同时，远东、中东、希腊、罗马、埃及与玛雅等古老文化的物品或图腾，也都成了装饰的素材来源，如埃及古墓的陪葬品、东方图腾、希腊建筑的古典柱式等。至此，软装艺术品的有效使用成为建筑的必要装饰条件。中国正式提出软装饰设计概念并作为居住空间设计的必要设计环节，是在近些年间才开始的。所以今天软装饰设计师仍是一个新鲜而充满无限可能的职业。

二、搭配协奏——软硬关系

现代居住空间设计包含两个部分的内容，一部分为硬装设计，另一部分为软装设计。硬装是为了满足房屋的结构、布局、功能需要，添加在建筑物表面或者内部的一切装饰物，比如前面讲到的地面、墙面和隔断等，原则上这些硬装是不可移动和变换的。软装设计是指装修完毕后，利用易更换、易变动位置的饰物对居住空间进行陈设与布置。通过对饰物的选择和配置将我们的居住环境营造得更加温馨。（图4-6、图4-7）

图4-6 客厅的软装

具体地讲，硬装与软装的根本区别是，硬装是在做结构，主要是按照一定的设计要求，对建筑内部空间的六大界面进行二次处理，也就是对天花板、墙面、地面，以及分割空间的实体、半实体等内部界面的处理。软装设计告别了烦琐的硬装施工、图纸渲染和数据计算，留出更多的时间思考和品味生活，不仅打造一个美观、有艺术感染力的室内空间，还要为业主打造一个舒适、科学的生活空间，使其日常活动区域更加舒适合理化，同时满足其使用需求和精神需求。

硬装设计与软装设计相辅相成，是不能割裂开来的。人们习惯上把"硬装"和"软装"分开来讲，很大程度上是因为两者在施工上有前后之分，但在应用方面，两者都是为了丰富概念化的空间，使空间异化，以满足家居需求，展示人的个性。

软装设计的内容包括家具、家电、灯饰、窗帘、沙发靠垫、床上用品、艺术品、家居餐具、墙纸、布艺、地毯、植物等，有时细到一把椅子上的坐垫颜色，甚至一本书的摆放位置，这都是让我们的居住空间产生不同意境的重要因素。（图4-8）

图 4-7 餐厅的软装

图 4-8 软装

第二节 活色生香，软装色彩

在人类物质和精神生活的发展过程中，色彩始终散发着神奇魅力。优秀的色彩设计拥有无限生命力，可以感染人的情绪，可以传递作品内涵。在软装设计中，没有难看的颜色，只有不和谐的配色。对于需要长期生活在居住空间里的人们而言，色彩搭配的效果会直接影响其感官和情绪，进而带来不同的心理影响。因此，软装中的"色彩搭配"具有举足轻重的作用，如果搭配不当，不仅空间视觉效果会大打折扣，更不利于人的身心健康。色彩的基本原理在前面的课程中已经讲过，这里我们主要跟大家一起探讨软装色彩的不同之处，以及如何配置家具、布艺、灯饰等物品的颜色，如何利用色彩表达来引导居室主人的情绪和需求，以及如何让居住空间充满仪式感和新鲜感。

一、活的色彩——色彩特征

软装色彩最大的特点就是它是"活"的色彩，所谓"活"的色彩即可以移动、可以变换的颜色。"活"的特性使软装成为整个居住空间设计的调色模块，通过色彩的配置可以协调整个居住空间中的色彩平衡，突出整体设计思路，让整个空间更有灵魂和深度。

图4-9中一对红色单人沙发吸引了我们的注意力，营造了整个客厅的视觉焦点，白色的组合沙发、白色的石膏像、白色背景的挂画、白色的灯光、桌上黑色摆盘中白色的书，衬托着房间的理性的同时又不失热情。沙发上土红、土黄和深灰色的靠垫，挂画上的砖红色圆形，黑色茶几上的金银玻璃容器和金色金属质感的圆形角几，以及远处导台上的暖色灯具和灯光，虽然这些小物件很不起眼，但它们却是必不可少的、舒适的生活要素，它们协调着整个空间的气氛。在软装设计中，桌椅、橱柜、沙发、灯具、窗帘、挂画等属于相对固定的元素，它们往往与硬装一起形成居住空间中的主色调，地毯、坐垫、灯光、摆件、植物等可以随时移动和变化，是居住空间中的辅助色，让空间的色彩更加灵动而细腻。家具这类相对固定的元素也可以再次搭配桌布或沙发巾等物件进行装饰。软装元素的可移动性和可变化性使它成为居住空间中真正"活"的色彩。在设计中我们要树立"活色可以生香"的理念，善用软装中的色彩，为居住空间的整体营造增色添香。

图 4-9 客厅中的色彩设计

二、魔法道具——色卡应用

软装中的色彩搭配不能自说自话，要与已有的硬装色彩对话，共同构成居住空间的整体色调。在居住空间的整体设计中，设计风格的确定是我们进行软装设计的入口。已有的墙面、地面的色彩就是软装的背景，在已有的背景下进行前景的设置，从而营造出完美的空间效果是我们的首要工作。这里给大家介绍一个色彩搭配工具——色卡，其中常用的是潘通色卡（PANTONE），它是国际通用的标准色卡，其中有两千多种颜色，包含色彩系统里最大的色域，在这里可以找到不同色相、不同明度和不同纯度的颜色。在色卡中找到硬装设计中所用到的颜色后，再运用前文学到的单色搭配、近似色搭配、补色搭配、分散互补色搭配、三角对立的色彩搭配原则，选择合适的颜色。（图 4-10）

在进行软装的色彩搭配时，我们不仅要了解不同色彩的固有特性，还要将这些属性与居住者的需求有效结合。细微的色彩变化都会给人们带来视觉和心理上的变化。潘通色卡每年都会更新本年度不同的代表色，并对这些代表色的色相、纯度和明度做细致的研究，为我们提供了很好的辅助作用。

在选择软装色彩时也有一定的局限性，软装中各元素的颜色大多都是生产厂商进行大批量生产时设定好的，比如沙发、窗帘和橱柜的颜色。因此，在进行软装设计时除了要学会使用潘通色卡外，还要了解不同产品品牌的色样，将色卡与品牌色样结合使用可以更精准地进行搭配。

三、彩色一天——软装生活

软装设计的魅力在于它可以让我们生活中的每一天，从早到晚、每时每刻所处的空间和位置都有声有色。

每个家庭中的不同成员有着不同的生活习惯、

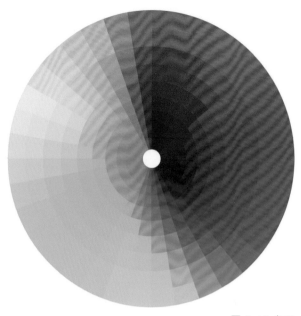

图 4-10 色环

不同的文化背景和不同的追求，要做好软装色彩的搭配不仅要掌握色彩的基本知识、学会使用色卡，还要了解家庭成员的详细情况，展开对于居住者生活方式的探讨（表 4-1）。色彩魔法 + 居住者信息分析 + 居住空间整体风格三方面共同作用，才能够让我们的生活多姿多彩。

设计工作不应该仅仅只定位在完成居住空间的固定搭配任务上，还要能够帮助居住者提供"特别色"的方案，即进行软装元素色彩的搭配。

现有家居色彩 + 特别的日子象征色 + 色彩位置变换，共同构成"特别色"的方案。居住空间中的地毯、桌布、餐具、花瓶、抱枕以及 LED 变色灯等，在软装设计时都应该考虑到，并且在硬装时要预留出摆放空间。软装色彩搭配与软装特别色的构思共同构成软装色彩的整体设计。

表 4-1 居住者信息表

居住者基本信息	居住者 1（委托人）	居住者 2	居住者 3	居住者 4	居住者 5	居住者 6
与委托人的关系						
年龄						
性别						
职业						
工作（上学）时间						
兴趣爱好						
宗教信仰						
出生地						

第三节 细致入微，软装质感

伟大的建筑师密斯·凡·德罗曾用一句来概括他获得成功的原因，那就是 "魔鬼在细节"。不管设计方案如何恢宏大气，如果对细节把握不到位，就不能称之为一件好作品。细节生动可以成就一件伟大的作品，细节的疏忽也可能毁掉一个宏伟的目标。本节主要探讨设计中的细"质"入微，这里的"质"说的是材质的质感，质感是由材料的质地以及表面组织结构而产生的视觉、触觉方面的感受，是对材料表面光滑程度、孔隙率的大小、密实程度及纹理而产生的诸如粗细、软硬、轻重、冷暖、透明等感觉的描述。居住空间中的物品是由各种材料组成的，每种材料都有不同的质感，能产生不同的情绪，诉说不同的故事。当我们学会运用不同质感的材料进行搭配时，便可以加强居住空间的视觉丰富性。当人在触摸到不同质感的时候，也会激发出不同的体验，以此丰富空间情趣。

一、材质表情——质感肌理

生活中我们可以看到、触摸到的材质，即材料的质感，也可以说是物体的质地与肌理。质感即人们对物体的质地和肌理的感受，质地是某种材料的结构性质，肌理感既可由物体表面的起伏产生，也可以由物体表面的无起伏的图案纹理产生。当物体表面重复性图案很小而失去个体特征时，其质感会胜过图案感。

肌理依附于材料而存在，不同的肌理会带给人不同质感印象。粗肌理含蓄、稳重、朴实，细肌理柔美、华贵。自然赋予了每种材质不同的表面特征与肌理，当然人类会运用智慧对这些固有特征进行加工和改造，比如经过雕刻的木头、经过拉丝处理的金属等。无论是自然赋予的，还是经过人类改造的材质，都呈现出与众不同"气质"。居住空间中常用到的材质有木材、布、石材、藤材、毛皮、金属、陶瓷、琉璃等。

二、触摸观看——材质感知

居住空间设计都要以提升居住者的体验为目标，居住体验要从五感说起，即视觉、触觉、听觉、嗅觉、味觉。

从理论上讲，在一个空间之中，人体感官最深刻的是视觉，其次是嗅觉、听觉、味觉，最后是触觉，但人类的感官系统彼此之间还有交互作用，例如视觉对嗅觉、味觉有影响，嗅觉对味觉、触觉有影响，在感官系统彼此交互作用之下创造出全新的感受。材质常常给我们提供视觉和触觉方面的感受，视觉是我们在看到某物之后所产生的心理感受，而触觉是真实存在，如布艺沙发柔软温暖，而皮质沙发相对硬挺微凉。

许多情况下，仅凭视觉就可以感受物体表面的触觉特征，如凹凸感、光泽度，这是基于我们对过去相似事物、相似材料的回忆而得出的结论，是对材料质地的联想。因此选择使用不同材料，在它们的相互作用下，能使居住空间的每一个细节都能给人带来多重体验，这是营造精致品位、高雅设计风格的居住空间的一种有效方法。

如果用表面肌理的特征来分类，材料的质感可以归纳为"粗"与"细"两大类。木材、布料、藤材、毛皮等材料松弛，组织粗糙，具有亲切、温暖、柔软、含蓄、安静等特点；抛光石材、玻璃、金属、瓷器等材料细密、光亮，质地坚实，组织细腻，具有精密、轻快、冷静等特点。

材质搭配的基本方法是：

（1）粗与细的对比。当一个空间中已经有很多精致细腻或抛光材质的时候，就应该考虑加入一些粗犷或哑光的材质，让它们取得平衡。

（2）数量与面积的对比。应根据整体的设计风格，将某一类材质作为主导，另一类材质作为辅助，使其数量和所占面积有所区别。

（3）不同材质的搭配与穿插。人们通过触摸和观看来感受细节上的变化，产生层次带来的细致感受。

（4）色彩搭配。物体通过质感和肌理呈现出各自不同的色彩，在营造居住空间环境的时候要关注材质本身以及经过不同工艺加工后的色彩特

图 4-11 餐厅材质搭配

性，如黑胡桃木和红橡木常常给我们带来类似的触感，不同的色彩能给人不同的观看体验。

如在餐厅设计中，餐桌大理石台面与金属脚搭配冷静又沉稳，金属配色的质感、现代感十足，不经意间的细节诠释着法式优雅（图 4-11）。

艺术感不仅体现在空间环境的营造上，还体现在细节的处理和材质的选择上，透露出时尚气息。如在卧室设计中，主卧以蓝色调为主，将橘粉色作为对比色，卧室圆形金属茶几具有阖家欢乐的寓意，大气中又不失生活的趣味，每一处细节都体现着轻奢感。（图 4-12）

以承启家具为例，可以学习如何运用不同质

图 4-12 卧室材质搭配

码 4-1 活色生香

感的家具对居住空间进行环境分区（图 4-13 至图 4-17）。

这里我们主要从材质触感与观感两个方面帮助大家了解各种不同材质家具的特性，以及如何运用这些质感搭配出既细腻又有层次感的居住空间，从而使我们的居住空间充满生活情趣，在细节中彰显生活美。

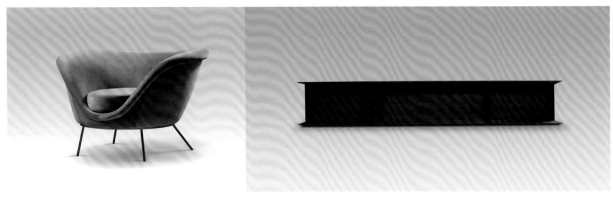

图 4-13 客厅不同材质家具单品

名称：地柜
尺寸：3515×495×510H（mm）
材质：多层实木板＋红橡木皮＋进口松木板

名称：大坐墩
尺寸：1200×1200×350H（mm）
材质：多层实木板＋F1布/F2布/L1皮/L2皮/
L3皮

名称：吊柜
尺寸：2200×300×370H（mm）
材质：多层实木板＋红橡木皮

名称：沙发
尺寸：2860×1090（mm）
材质：F1布/F2布

名称：功能长茶几
尺寸：1450×760×365H（mm）
材质：多层实木板＋红橡木皮＋MDF＋金属脚架/钻石绿
（哑光）

图 4-14 客厅不同材质家具组合

名称：床
尺寸：1510×2010/1810×2010/
2010×2010（mm）
材质：北美白蜡木＋多层实木板＋红橡木皮＋排骨
架＋F1布/F2布/L1皮/L2皮/L3皮

图 4-15 卧室不同材质家具——床

图 4-16 餐厅不同材质家具单品

名称：长餐台
尺寸：1800×1000×750/2200×1000×
750/2400×1000×750H（mm）
材质：北美白蜡木＋多层实木板＋红橡木皮＋木面

名称：餐边柜
尺寸：1000×450×1630H（mm）
材质：北美白蜡木＋多层实木板＋红橡木皮
+MDF+铝框玻璃门金属脚套贝壳灰（哑光）

名称：无扶手椅
尺寸：560×525×730H（mm）
材质：北美白蜡木＋多层实木板＋金属脚踏 +F1
布 /F2 布 /L1 皮 /L3 皮

图 4-17 餐厅不同材质家具组合

第四节 艺术"器"息——软装器物

如今，生活节奏越来越快，人的情绪也变得焦躁，而艺术作品则拥有一种让人放松身心的神奇力量。忙碌了一天，下班回到家里，眼前的一幅艺术画作，身边的一个雕塑摆件或手中的一件艺术器皿都可以帮助我们缓解压力。它们能满足人们高品质的生活需求，在有限的空间里创造无限的美好。艺术作品是软装设计的重要组成部分。

艺术作品的门类很多，从美学上可以划分为实用艺术（建筑、园林、工艺美术与现代设计），造型艺术（绘画、雕塑、摄影、书法），表情艺术（音乐、舞蹈），综合艺术（戏剧、戏曲、电影艺术、电视艺术）和语言艺术（诗歌、散文、小说）五大类别。而在居住空间中，我们常常选用工艺美术、绘画、雕塑、摄影、书法等作品来满足人的视觉审美需求，而音乐、戏曲等则可以满足人的听觉需求。对于听觉需求，往往通过播放背景音乐来实现。作为一个软装设计师，我们要了解和掌握艺术作品的类别、流派以及特征，这样才能更好地对居住空间的软装进行选择和搭配，以充分营造居住空间的艺术氛围。（图 4-18）

一、器物分类——悬挂陈列

这里主要介绍几种能满足人的视觉审美需求的艺术门类。软装设计的艺术品主要包括绘画、雕塑、摄影、书法、工艺美术作品以及现代设计器物等。根据艺术品在居住空间中的不同使用形态，我们将其分为悬挂类和陈列类。

1. 悬挂类艺术品

悬挂类艺术品是软装设计中最常用的类别，包括中国画、油画、水彩画、装饰绘画，以及书法和摄影作品。要根据居住空间整体设计风格选择与之相匹配的艺术品，主要从艺术特征和艺术流派等方面来认识不同艺术作品的不同面貌。

2. 陈列类艺术品

陈列类艺术品主要包括摆放在地面和桌、橱、柜等家具上的艺术品。下面我们主要从工艺美术作品的分类方式上与大家一同感受陈列类艺术品与生活的关系。工艺美术品是手工技艺与实用技术相结合制成的，有一定欣赏价值。随着时代的发展，工艺美术已不局限于手工艺，而是与机器工业，甚至大工业相结合，把实用品艺术化或艺术品实用化，是制造出来的艺术。我们常常根据材料和工艺的不同，将其分为木作工艺、陶瓷工艺、漆器工艺、织绣工艺、编织工艺、金属工艺，不同的工艺美术作品也因工艺与材料的不同而呈现出不同的风貌与气质。木作工艺、陶瓷工艺、漆器工艺、织绣工艺、编织工艺、金属工艺等陈列类的艺术品，在表达生活格调、呈现主人的情趣及修养内涵等方面起到了重要的作用。其在具备艺术性的同时兼具实用性，是软装艺术设计中必不可少的一部分。艺术的形式多种多样，软装设计师只有在了解艺术作品的门类、风格及特征后，才能选择和搭配出最有效的方案，从而更好地营造居住空间的艺术氛围。

码 4-2 艺术"器"息

图 4-18 《米林桃花映雪山》王克举（绘）

二、艺术空间——功能艺术

好的居住空间能从内到外散发出一种优雅而富有魅力的气息。通过合理地组合和搭配软装器物，可以让客厅、书房、卧室、厨房甚至是卫生间等生活空间与艺术互通起来。

1. 客厅

较大的客厅可以选择较大的悬挂类艺术品。客厅的主要功能是会客，也是一家人交流的场所，较大的悬挂类艺术品能成为人的视觉焦点。一些工艺美术作品，如小型雕塑、织绣工艺品和陶瓷工艺品等也是展示艺术修养的绝佳选择。

2. 书房

书房是我们工作学习以及沉思的场所，我们在这里思想远航，在这里沉淀。书房中可摆放木作、陶艺或金属工艺品，墙面上亦可以悬挂书法作品，当然荷兰风格派的理性特征作品以及超现实主义的幻想性特征作品也是一个不错的选择。

3. 卧室

卧室是一个比较私密的空间，因此我们不仅可以在这里摆放最喜欢的艺术品，也可以利用超大艺术作品来增加空间的深度，让空间产生更好的视觉效果。织绣工艺、编织工艺等艺术作品能给人带来亲切温暖的感受，非常适合在卧室里摆放。好的艺术品可以鼓舞人心。

4. 厨房

从食物信息图表到各种食物的装饰绘画，厨房装饰没有特别的限制。餐厅区域空白的墙壁是放置悬挂类艺术品的理想场所。独特的厨房用品，如色彩缤纷的砧板可以为空间增添一些艺术个性。

5. 洗手间

洗手间中可以摆放一些小型装饰品，陶瓷肥皂盒、烛台、镜子等都可以作为艺术品的载体。空间较大的卫生间还可以选择悬挂类、陶瓷类艺术品。

生活中的艺术无处不在，我们可以通过赏玩艺术作品怡情遣兴。同时艺术作品中呈现出来的审美价值也会潜移默化地影响居住者的性情与气质。好的艺术作品是具有生命力的，艺术作品的物质价值也会随着时间的沉淀而慢慢累积。艺术与生活有一种浪漫的关联，而软装设计真切地拉近了艺术与生活的距离。

思考与练习

1. 如何理解软装饰设计？
2. 软装饰设计与硬装饰设计的关系是什么？
3. 软装饰设计包含的内容有哪些？
4. 请说出软装饰设计色彩的特征。
5. 试论软装饰设计中色彩搭配对生活的影响。
6. 软装饰设计中运用到的材质有哪些？
7. 探讨软装饰材质的选择对居住者生活的影响。
8. 居住空间设计是否需要艺术气息的营造？
9. 不同类别的艺术品在软装饰功能实现中的作用有哪些？
10. 软装饰设计对于居住空间设计的影响与作用有哪些？

CHAPTER 5

居住空间设计智能化
与材料工艺实践

第一节 智能家居，前世今生

一、智居时代，理论基础

随着科技的发展和人们生活水平的提高，智能家居产业快速发展起来，并逐渐渗透到人们的日常生活中。

智能家居是在物联网发展背景下的诞生出来的。与普通的家居相比，智能家居不仅具有传统的居住功能，还有网络通信、信息家电、设备自动化等功能，是集系统、结构、服务、管理于一体的高效、舒适、安全、环保的家居产品。它在为人们提供全方位信息交互的同时，还能保持家庭与外部信息的交流畅通，既增强了人们家居生活的时尚性、安全性和舒适性，还节约了能源。

智能家居的目标包括实现舒适丰富的生活环境、安全有效的防御体系、方便灵活的生活方式、高效可靠的工作模式。

1. 起源

智能家居的概念最早出现于美国。20世纪80年代初，随着大量电子技术家用电器的面市，住宅电子化出现了。1984年，世界上第一栋智能建筑在美国康涅狄格州问世。当时只是对一座旧金融大厦进行了一定程度的改造，定名为"都市办公大楼"，运用计算机系统对大楼的空调、电梯、照明等设备进行监测和控制，并提供语音通信、电子邮件和情报资料等方面的信息服务。

比尔·盖茨在《未来之路》一书中描绘他在华盛顿湖建造的私人豪宅（图5-1），称他的住宅是由硅片和软件建成的，并且要采纳不断变化的尖端技术。这栋豪宅历时7年，于1997年建造完成，完全按照智能住宅的概念打造，不仅具备高速上网的专线，所有的门窗、灯具、电器都能够通过计算机控制，而且有一个高性能的服务器管理整个系统的后台。

图 5-1 比尔·盖茨私宅内、外部

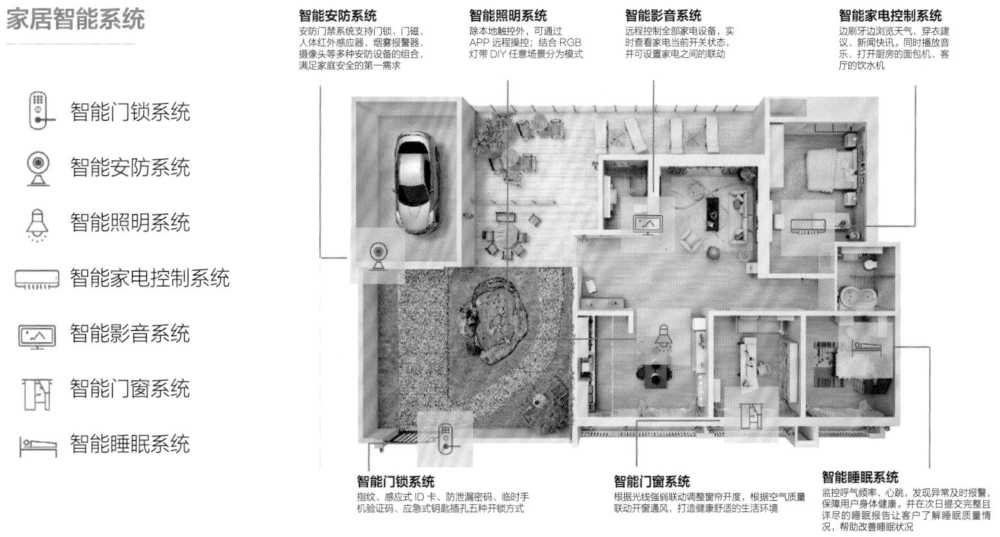

家居智能系统
智能门锁系统
智能安防系统
智能照明系统
智能家电控制系统
智能影音系统
智能门窗系统
智能睡眠系统
智能安防系统
安防门禁系统支持门锁、门磁、人体红外感应器、烟雾报警器、摄像头等多种安防设备的组合，满足家庭安全的第一需求
智能照明系统
除本地触控外，可通过APP 远程操控；结合 RGB 灯带 DIY 任意场景分为模式
智能影音系统
远程控制全部家电设备，实时查看家电当前开关状态，并可设置家电之间的联动
智能家电控制系统
边刷牙边浏览天气、穿衣建议、新闻快讯。同时播放音乐、打开厨房的面包机、客厅的饮水机
智能门锁系统
指纹、感应式 ID 卡、防泄漏密码、临时手机验证码、应急式钥匙插孔五种开锁方式
智能门窗系统
根据光线强弱联动调整窗帘开度，根据空气质量联动开窗通风，打造健康舒适的生活环境
智能睡眠系统
监控呼气频率、心跳，发现异常及时报警，保障用户身体健康。并在次日提交完整且详尽的睡眠报告让客户了解睡眠质量情况，帮助改善睡眠状况

图 5-2 家居智能系统

智能音响
洗衣机
抽油烟机
烘干机
智能安防
净水器
燃气灶
浴室
卫生间
阳台
客厅 / 卧室
厨房
洗碗机
破壁机
浴室
卫生间
阳台
客厅 / 卧室
扫地机
燃气热水器
冰箱
烤箱
落地扇
智能马桶盖
智能开关
空调

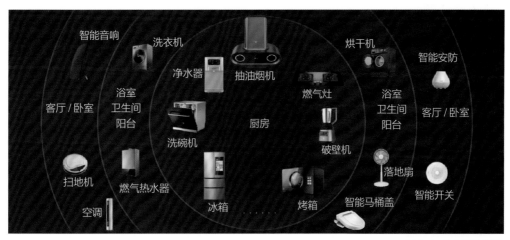

图 5-3 家电智能单品

2. 定义

智能家居是一种比较理想的居住环境，通常以住宅为平台，利用综合布线技术、网络通信技术、智能家居控制系统、安全防范技术、自动控制技术和音视频技术将有关设施集成后，构建高效的住宅设施与家庭日常事务的管理系统，从而提升家居生活的安全性、舒适性、便利性、高效性和环保性。

智能家居通过物联网技术将家中的各种设备，如音视频设备、照明系统、窗帘控制系统、空调控制系统、安防系统、数字影院系统、影音服务器、网络家电等连接到一起，提供智能的门锁系统、安防系统、照明系统、家电控制系统、影音系统、门窗系统、睡眠系统等，从而构成完整的家居智能系统（图 5-2）。

二、智居产品，形态演变

智能家居在国内的发展已有数十年，已逐渐取代传统家居而渗透到人们的生活中。随着智能家居行业的发展，智能家居在产品形态方面的演变轨迹慢慢清晰，其发展可以分为智能单品、产品联动和智能系统集成三个阶段。

1. 智能单品

智能家居的庞大市场，吸引很多商家义无反顾地涌入这股潮流中。企业若想进军智能家居业，就必须找到一个合适的切入点，而智能单品就是最初大部分企业的选择入口（图 5-3）。一般而言，传统家电企业研发智能冰箱、智能空调、智能洗衣机等家电用品，而互联网企业以及一些创业公

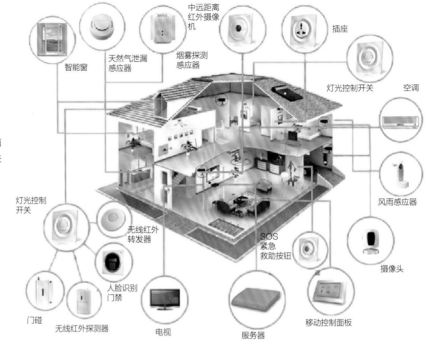

智能系统集成

可以通过安装在智能手机、平板电脑等无线设备上的应用程序来对建筑进行控制

图 5-4 智能家居控制系统

司则是以路由器、电视盒子、摄像头等智能产品冲击市场。

2. 产品联动

智能家居发展的第二阶段是智能产品之间的联动。这种联动首先表现在不同类产品之间信息的互通共享上，比如合作的企业将某种产品的算法嵌入另一种硬件设备后，用户可以在产品的平台上查看另一产品的数据，实现产品间的互联互通；还有的企业是通过搭建小规模数据系统，在自家公司内部的不同产品之间建立联动。

3. 系统集成

智能家居发展的第三阶段是品牌的不同类产品之间的融合和交互。智能家居是一个平台，同时也是一个系统，是各种家居设备的集成化。所以，从严格意义上讲，若只停留在零散的智能单体上，企业很难进一步打开智能家居的价值产业链，于是系统智能化就被激发出来了。

系统智能化即产品与产品之间的互通互融，不需要人为干涉，能自主地运行。例如，抽油烟机发现油烟量太大，不能全部吸收，就立即反映给净化器，净化器便做好准备开始吸收并除味。此类智能家居控制系统是以智能家居传感器和控制器作为主要产品，通过智能手机或平板电脑来控制与无线网关相连接的家居设备（图 5-4）。

三、智居生活，痛点分析

近年来，国家对于物联网的战略支持以及基础硬件的升级换代，特别是无线传感网络技术的提升，使"智能家居"进入人们的视野。智能家居带来了各种便利和高效舒适的生活环境，使消费者对其青睐有加。但市场主流产品和系统并不能全面解决产品与市场需求的矛盾，因此智能家居发展仍然存在很多痛点：

1. 痛点一：理论先行，技术未动

智能家居企业中少有整套系统和产品的集成厂商，在技术和功能上离实际意义的智能家居还存在较大的差距。从长远发展看来，企业必须打破理论，拿出真正的技术支撑智能化设备，从而满足人们的需求。

2. 痛点二：单品孤立，互联不够

单一智能硬件产品比较流行，小到路由器、摄像头，大到冰箱、空调等都拥有了智能的功能。智能产品连接网络后，人们便可以通过手机操控，但产品之间的联动性不够，所以并未形成真正意义上的智能互联。

3. 痛点三：产品同质，价格昂贵

国内市场上的智能家居产品迅速增多，一些企业靠借鉴别人的产品生存，导致智能家居产品智能化程度不高，实用性不强。还有一些中小型企业盲目地投入智能家居行业，不成熟的技术及华而不实的产品外观，导致了厂商生产成本一直居高不下。

4. 痛点四：操作繁琐，忽视体验

真正的智能家居应该是人与智能家居设备能够互联、互通、互动，即智能家居设备能够通过人机交互，借助技术实现与人之间的沟通和交流。但有些智能产品的操作很复杂，就算经常接触电子设备的年轻人也不能顺畅操控。所以说，系统过于繁杂、操作不够人性化，功能多却实用性不足，这些问题都为智能家居的发展带来阻碍。

5. 痛点五：缺乏标准，存在隐患

智能家居生产标准不统一，产品不兼容，这被认为是智能家居难以普及的重要问题。不同厂商生产的智能家居设备没有统一的物联网标准，使得用户的体验大打折扣。

另外，智能设备不仅要为用户提供智能化服务，还要收集用户的信息数据，如果不能保证智能家居设备的安全性，黑客就有可能会入侵用户的生活。这样的"智能化"只会造成消费者的抗拒，使智能家居的发展停滞不前。

第二节 智慧世界，互联互通

智慧家居是未来家居发展的必然趋势，而要实现智能化就必须在市场标准统一的前提下研发出稳定、安全、高效的智能产品。同时，未来的产品将越来越多地与服务绑定在一起，而不再独立存在，移动终端 APP 应用将成为产品功能不可或缺的一部分，个性化服务也会受到人们越来越多的重视。未来，智能家居科技产品完全智能化将会成为一种可能，也会让消费者的生活方式越来越简单。（图 5-5）

图 5-5 智慧家居空间

一、产业发展，势头强劲

2015 年以后，智能家居的发展趋势进一步从概念层面向产品和应用层面落地。智能家居设备利用本身的智能化功能和相应的大数据、云计算技术，能够自动根据消费者的生活习惯存储记忆，并对周围的环境进行分析和做出判断，然后以最为有效的形式为消费者提供多元化的生活服务。

1. 智能家居的产品技术创新

智能家居包含的模块非常多，有硬件、芯片、软件、通信、云计算、大数据处理等。而细分的领域又可以分为家庭安全、环境监测、家电控制、照明控制、个人健康医疗和家庭影音娱乐等，这一切的背后都离不开强大的研发和创新。

2. 建立智能家居产业生态圈

随着 AI 技术的爆发，智能硬件不再强调 APP 控制，而是通过语音等自然交互来控制，人与机器可以对话，机器可以学习人，可以感知环境，直接服务用户。目前，传统企业加快向智能化转型的步伐，纷纷布局智能家居领域，家电产品呈现出集体智能化趋势，搭建智能家电生态系统已经成为产业竞争的焦点。

3. 有效运用大数据和云计算

智能家居跟物联网、云计算技术结合，用户不仅仅可以实时查看住宅内的风吹草动，并且可以对其进行溯源处理。比如说，若是家中有人入侵，即便嫌疑人逃遁，也能根据各项传感器反应的时间，调出准确时段的录像记录，为警方提供破案线索。同样，通过对家中各类智能插座、智能开关数据的统筹分析，能够实现对家庭的能源管控，制定出节能环保的使用计划。

二、智慧空间，点亮生活

中国品牌海尔推出了高端智慧家庭全场景成套解决方案，全面打造智慧客厅、智慧卧室、智慧浴室、智慧厨房、智慧阳台空间（图 5-6）。全屋空气、全屋用水、全屋安防等七大全屋解决方案将生活中的智能需求全部涵盖，用户还能根

图 5-6 智能产品应用区域

图 5-7 海尔智慧家庭解决方案

据自己的生活习惯自定义各种场景。（图 5-7）

下面以海尔智慧家庭为例，具体了解一下智慧家居的应用区域：

1. 智慧客厅设计

客厅的智能设计就是在原有设计方案的基础上添加智能化应用，打造集智能化、便利性、舒适性于一体的客厅居住环境。在讲究实用和美观的统一性的同时，可安装自动调节亮度的照明灯具，也可增加室内恒温系统、智能窗帘等，以满足不同用户的使用需求。海尔智慧家庭可根据需要 DIY 设置不同场景，有回家场景、离家场景、娱乐场景等，还可通过海尔智慧家庭平台联动空调、空气净化器等设备。

2. 智慧厨房设计

在智能家居中，厨房的设计要从烹饪智能化进行考虑，满足人们轻松烹饪美食，为用户自动准备食材，冰箱上自动显示食材的新鲜程度和数量，智能电子语言系统能为用户提供烹饪指导等。不仅如此，厨房智能家居还要考虑安全防护系统，如监测天然气的泄漏，进行自动报警、关闭开关

等。海尔智慧厨房通过食联网生态平台，引入多方资源，共同为用户提供存储、购买、烹饪、清洁、环境一站式解决方案，实现了用户和平台的持续交互，资源与平台的共创共赢。

3. 智慧浴室设计

集科技与人性化于一身的智慧浴室，用全方位的交互手段为用户打造一个超幸福体验的完美空间。海尔智慧浴室是通过智能终端来链接整个系统内的任何一款智能电器，包括电热水器、保湿洗脸机、体脂秤等，可为用户提供环境、健康、美妆、洗护、洗浴等诸多智能服务，让消费者体验到高科技"管家"带来的真实细致的生活服务。

4. 智慧卧室设计

卧室是供人休息的重要场所，随着智能家居的发展，卧室对于舒适性、私密性和个性化的要求更高。比如，安装可自动调节的照明系统，满足人们读书、谈话、睡眠等不同场景的需求。海尔的智慧卧室可联动空调、智能枕、香薰机、音箱、起夜灯、窗帘等智能家居，打造主动服务的睡眠场景，给用户提供全维度的睡眠解决方案。

5. 智慧阳台设计

在海尔智能阳台里把衣服放进洗衣机,智慧洗衣机自动识别水质水温、面料类别和洗衣液成分,通过U+APP语音控制洗护过程;洗护结束后,电动晾衣架缓缓下降至合适的高度,衣服挂好后,只需用手轻轻一碰,晾衣架就自动回升,完成晾晒,为用户带来"洗晾联动"的一站式全新洗晒智慧体验。

三、定制设计,个性服务

对于消费者来说,选择智能家居本身就是为了享受高科技带来的更便捷、更舒适、更高效的生活。智能家居内的各种设备相互间可以进行信息传递,不需要用户指挥也能根据不同的环境进行互动,给出相应的运行操作,从而更大程度地给用户带来方便、高效、安全与舒适的体验。可以说,智能家居卖的不是产品而是一种个性化服务。

在智能家居个性化服务设计中,主要遵循以下五个原则。

1. 交互体验人性化

在人们生活水平稳步提升的同时,对于情感方面的诉求也越来越高,要结合人的自然交互行为进行设计。

2. 情景模拟自然化

在进行智能家居设计时,要充分考虑用户的生活习惯,体现设计的自然性、真实性,提升用户对产品的参与感和认同感。

3. 信息处理敏捷化

在设计过程中,通过交互技术的有效应用,快速、准确地收集用户信息,为用户提供精准服务。

4. 系统开放安全化

智能家居为用户提供了开放式的交流环境,有利于信息的共享和互动,加强信息的安全设计尤为重要。

5. 空间利用提效化

智能家居主要是为人们提供舒适的生活环境,自动化技术能有效提升空间的使用效率,用户可以根据自身需要选择不同的个性化服务。

随着科学技术的不断发展,智能家居设计顺应了时代发展的潮流,与人们的生活联系得更加紧密,不仅为用户带来更好的身体和情感体验,还丰富了用户的情感生活。(图5-8)

图5-8 智慧家居的个性化服务

第三节 智享生活，亲密无间

随着人们对居住环境要求的提高，未来智能家居市场呈现出巨大的发展潜力。越来越多的企业开始进入智能家居市场，越来越多的家庭开始使用智能家居，智能家居为人们的生活提供了诸多便利。

一、科技聚力，创新融合

1. AI 技术

AI 是人工智能的英文缩写，包括计算机视觉、自然语言处理和语音识别等。在智能家居中，AI 扮演着非常重要的角色。其关键技术，如机器技术、语言识别、图像识别、自然语言处理和专家系统等已经在智能家居中得到体现，并得到了人们的高度重视。目前，AI 在智能家居中的应用主要有打造智能家电、助力智能家居控制平台、助力家庭安全监测和打造家庭机器人四个作用。

2. 5G 技术

智能家居数据的传输需要依靠快速而稳定的通信网络，5G 拥有超高传输速率、极大容量、超密站点和极低延时等优势，理论上其传输速率可以达到 4G 的几百倍，并且能以低功耗支持海量设备连接，甚至可实现 100 万个终端同时联网，能大幅度提升设备的响应速度和精确度，从而提高整个智能家居控制系统的智慧化程度，带给用户更加快捷的使用功能和人机交互体验。

3. 物联网技术

物联网技术（Internet of Things，IoT）是智能家居中最重要的技术，是在互联网技术上的一种实物的衍生。通过物联网，可关联智能家居中的各种设备，可以让物与物之间进行信息互换与连接。与此同时，随着智能感知技术、识别技术等的快速发展，设备可以进行交互协作，有助于达成完整、迅速、准确的合作。所以说，物联网技术是智能家居的基础和关键，对智能家居更智能、更完整的发展起着非常重要的作用。

图 5-9 智能家居的特点

三者关系密切，IoT+AI+5G 的技术变革与融合，正在引发一场深刻的全产业变革，智能家居领域也深受影响。

二、系统布局，改变生活

随着社会的发展，家居的智能化需求成为科学社区建设的一个非常重要的环节。智能家居设计是一项综合性的系统工程，涵盖了建筑、结构、暖通空调专业、给排水、电气专业和居住空间设计等多个专业。在当今社会，越来越多智能设备被应用，对人们居住生活产生了巨大影响。（图 5-9）

1. 对居住空间组织的影响

智能家居使居住空间的组合变得更加灵活多变。例如，新一代的无线智能家居网络，真正实现了无"线"连接，这种无线智能家居的成本低，组网灵活，具有移动性和扩张性强的特点。对于室内装修设计而言，免除了开槽布线和穿墙等施工工序，大大提升室内空间组织的灵活性。再如，在智能化厨房区中，整体化和智能化的现代工业造型不仅使厨房变得整洁明亮，还配备了洗碗机、垃圾粉碎机等智能设备，为人们提供了高效舒适的烹饪环境。

2. 对居住空间风格的影响

居住空间设计风格除了受时代发展和地域特征的影响外，还与业主的个人诉求有很大关系。人居环境的设计尤其注重"以人为本"的设计思想，而智能家居追求的宗旨就是更好地服务于人，强调人与居住环境的协调和人的主观能动性。设计师必须思考如何恰当处理业主的个人偏好与智能家居的环境氛围之间的关系，以满足其个性化的需求。

3. 对居住空间环境的影响

在传统居住环境中，用户通常会忽略对照明能耗的要求。智能家居控制系统能够实时监测室内的湿度、温度和亮度，根据用户的需求调试出最舒适的物理环境，并且节约能源。例如，照明控制系统会根据室内光线强度和用户的实际需求自动控制光的照度，营造出不同的室内环境效果，同时避免不必要的能源浪费。

4. 对居住空间陈设的影响

居住空间陈设品涉及的范围非常广，不仅包括家具、家电、古玩、字画和摄影作品，还包括日用品等。智能家居对于居住空间陈设设计的影响也值得我们去关注。例如，家庭影音控制系统无须复杂的穿墙布线工序，将电脑或者机顶盒等多种信号源发送到每个房间的终端上，即可实现音频或者视频的共享。

三、多元齐驱，引领未来

智能家居设计是居住空间设计中的一个新兴的领域，其引领了未来科技住宅的发展趋势，不仅是时代性的体现，更是新的设计理念的体现。我们要在智能家居便利性、舒适性的基础上融入艺术性，给消费者带来智能科技的同时给予其更好的感官享受。

1. 绿色可持续发展理念

便捷舒适的居住空间会给人们带来轻松愉悦的体验。而设计不合理、繁杂的居住环境则会给人们带来压力和紧张感。将绿色生活理念付诸居住空间设计，其研究的内容包括灵活高效、健康舒适、节约能源、保护环境等方面。智能化居住空间也要采取绿色生活和可持续发展理念，综合考虑尺寸用度、装饰选材，降低环境污染，实现可持续发展。

2. 智能家居设计的美感

现在，日常生活中有很多智能家居产品，给我们的生活带来了极大的便利。但是在种类繁多的家居产品中，这只是其中的一小部分。在家居产品领域推广智能化技术，还有很长的路要走。例如，智能灯光控制系统，也称为智能面板，可以控制多路灯具以及设置模式偏好。在外观设计上，既要尽可能地简洁大方，还要尽量迎合整体居住空间的装饰风格，色彩柔和不突兀。

3. 针对不同人群的运用

由于智能化家居是面向大众的，在消费群体中不乏老人和小孩，因此设计时应针对不同的用户有目的地进行创新。比如，未来养老问题是一个热点话题，那么智能家居就可以从多个方面来协助居家养老问题，如智能摄像头、智能手环、智能音箱可以看护老人，智能水杯、智能床垫等可以进行日常看护和医疗辅助。

AI、IoT、5G等技术不断革新将全面赋能智能家居，智能家居行业服务体系将迎来模式创新。全屋智能深入发展将逐步解决智能家居存在的痛点，通过更丰富的组合搭配、更多的定制化场景，满足更多用户的需求。

综上所述，未来智能家居将在经济支撑、社会肯定、政府扶持下得到大力发展，前景一片光明。特别是智能家居的设计优势充分将居住者的个性化需求与科技发展结合起来，提升居住者的主观能动性，符合现代潮流和审美趋势。所以，智能家居设计一定会是未来居住空间设计发展的重头戏。

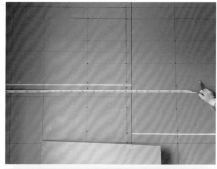

图 5-10 石膏板

第四节 装饰装修，饕餮盛宴

居住空间设计的内容包括顶面、墙面、地面，还有隐蔽工程以及其他特殊材料的选用。

一、云雾迷蒙——顶面空间

顶面的常用材料有石膏板、轻钢龙骨、乳胶漆、石膏线、钛镁合金、铝方通等。

1. 石膏板

石膏板由石膏压制而成，主要的特点是轻便、易加工、易成型（图5-10），被广泛运用于居住空间装饰的吊顶、隔墙中。

2. 轻钢龙骨

轻钢龙骨主要用作框架基层，它以轻钢作为基材，因其具有防火、防锈、防水、结实、抗变形能力强的特点，被广泛应用，常与石膏板结合起来使用。（图 5-11）

图 5-11 轻钢龙骨吊顶

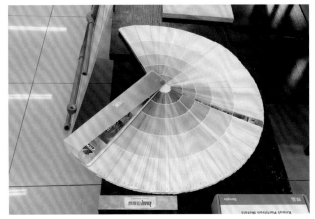

3. 乳胶漆

在现代居住空间设计中，乳胶漆的使用率达到95%以上，其具有易成型结膜、好清洗、好打理且简单轻便、施工便捷、环保无污染等特点，被广泛应用于墙和顶的饰面当中。（图5-12）

4. 石膏线

在居住空间设计中，不同风格的石膏线，如欧式、美式、法式等有不同的线形，线形最大的优点就是好塑形。（图5-13）

常用的石膏线有两大类：一是素线，造型最简单，包括C形、S形；二是花线，造型较为复杂，包括方形、曲线形、花朵形（图5-14）。不同花色造型的石膏线，有着不同的作用，将不同造型的石膏线应用到居住空间中，代表我们对美好生活的向往。

图5-12 乳胶漆

图5-13 石膏线

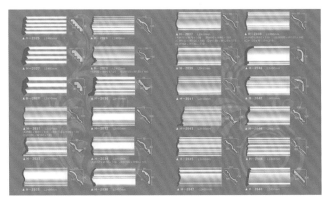

图5-14 石膏线造型

5. 铝镁合金吊顶

铝镁合金是常见的厨房、卫生间顶部的使用材料，也叫集成吊顶（图5-15）。它具有防火、防水、防潮、好打理、环保等优点，被广泛运用到厨房、卫生间中，代替了PVC材质。有很多的花形和花色，规格也不尽相同，例如300 mm×300 mm、300 mm×600 mm，在此种规格的基础上，可以排列和组合成任意造型。

图 5-15 铝镁合金吊顶

6. 铝方通

铝方通多用于居家阳台和办公空间中。它由铝材覆膜压制而成，表层的纹理和规格多种多样，可以随意选择、定制，如仿木纹等，应用广泛。（图5-16 至图 5-18 ）

图 5-16 铝方通 1

图 5-17 铝方通 2　　　　　　　图 5-18 铝方通 3

二、花团锦簇——墙面展示

墙面空间常用的材料有乳胶漆、墙纸、墙布、艺术漆、墙板、石材、镜面和玻璃、软／硬包、硅藻泥等。

1. 乳胶漆

乳胶漆学名涂料，具有成膜度高、耐磨擦洗等特点，施工比较简单，被广泛使用。（图5-19）

2. 墙纸

大约 5.3 m²／卷，通常按卷来计算。主要分为木浆纸、纯纸、无纺布，这三种墙纸分别有不同的制作方式，手感也不一样。后期又延伸出压花、浮雕、磨砂等类型，并大范围运用于墙面中，能够起到调整空间氛围的作用。壁画也是壁纸的一种，只是表层的处理工艺不同。（图5-20）

3. 墙布

墙布是墙纸的一种延伸和升级。墙布分为无胶壁布（靠热压而成）和胶粘壁布（需要用胶来粘），形式不同，墙布在墙面的处理和展现效果也会不一样。墙布最大的特点是无缝，可以整张定制。（图5-21）

图5-19 乳胶漆

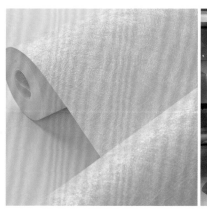

图5-20 墙纸

图5-21 墙布

4. 艺术漆

艺术漆是乳胶漆的一种延伸,能制作出好看的肌理效果,现场效果的呈现取决于工人的技术水平,其呈现效果非常多样化,色彩绚丽,有艺术感,能给人带来视觉冲击力。(图5-22)

5. 墙板

墙板最早出现于秦汉时期,到民国时期与西方技术结合而得到发展,并沿用至今。(图5-23)

墙板最根本的作用是护墙,能解决阳角磕碰和收口的问题。墙板的高度可以定制,被广泛运用于居住空间中,如影视墙、沙发墙、床头墙,走廊、墙裙等。

6. 石材

石材一般指大理石,又分为人造石材和天然石材。石材最大的特点就是硬度比较高、耐磨,因此被广泛运用于造型墙、特定的门厅、玄关等。欧式、美式、法式风格会用纯天然的大理石石材做罗马柱、造型墙、拱形门套等。(图5-24)

7. 镜面和玻璃

镜面和玻璃的主要作用是拓宽空间,空间不足时,可以利用镜面反射或者折射的效果,使空间更加宽敞明亮。镜面分为茶镜、银镜、黑镜、灰镜等;玻璃分为艺术玻璃、雕花玻璃、磨砂玻璃等。

图 5-22 艺术漆

码 5-1 材料中的"满汉全席"

图 5-23 墙板

图 5-24 石材

8. 软／硬包

软包，即表层是真皮或皮革，内置海绵等化纤材料。其优点是比较软，经常运用在欧式和美式的装修风格中，包括床头墙、沙发墙或造型墙。（图 5-25、图 5-26）

9. 硅藻泥

硅藻泥和艺术漆原材料不同，特点也不同，它不仅可以制造出不同的造型、肌理，还能起到一定净化空气的作用，被广泛应用于墙面中。（图 5-27）

图 5-25 软包

图 5-26 硬包

图 5-27 硅藻泥

图 5-28 瓷砖

图 5-29 实木地板

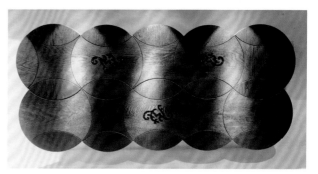

图 5-30 多层实木地板

三、波光粼粼——地面空间

地面的常用材料有瓷砖、木地板、软木地板、塑胶地板、地坪漆等。

1. 瓷砖

瓷砖常用于客餐厅、厨房、卫生间等空间，其最大特点就是硬度高、防水、铺贴方式和密集程度比较好。（图 5-28）

瓷砖分为通体砖、釉面砖、抛光砖、抛釉砖、负离子瓷砖、仿古砖等，可根据自身喜好选择。

2. 木地板

木地板最大的特点就是脚感好、较柔软。木地板主要分为实木地板、实木复合地板、强化复合地板。不同的木种代表不同的地板，比如印茄木、白蜡木等都是实木类的。实木复合又分为九层实木复合和三层实木复合两类，它们在居住空间中应用得比较广泛。强化地板就是我们常说的复合地板，是使用中间板、高密度板、中密度板和低密度板等制成的，再在表层装饰不同花色的纹理。（图 5-29、图 5-30）

从花色上来讲，种类最多的是强化地板，然后是实木复合地板，最后是实木地板。

从环保方面来看，最好的是实木地板，然后是实木复合地板，最后是强化地板。

3. 软木地板

软木最开始是用来制作红酒酒瓶的塞子，非常环保。（图 5-31）

其优点：一是防水性比较好；二是踩上去舒适度要高于木地板，弹性较好、软度较高。它的脚感特别舒服，有一种自然而然的反弹感，缺点是防火性差。

图 5-31 软木地板   图 5-33 地坪漆

4. 塑胶地板

塑胶地板被广泛应用于医院的公共走廊和病房等装饰中，也被应用于室内的公共空间中。它具备部分软木地板的脚感，塑胶表层比较结实、防磕、防碰、防摔、防火、防水，优点较多，被广泛运用于地面装饰中。（图 5-32）

5. 地坪漆

地坪漆因其防潮性特别好，多用于公共空间中，如楼梯、楼房地下室、车库，以及别墅地下室。（图 5-33）

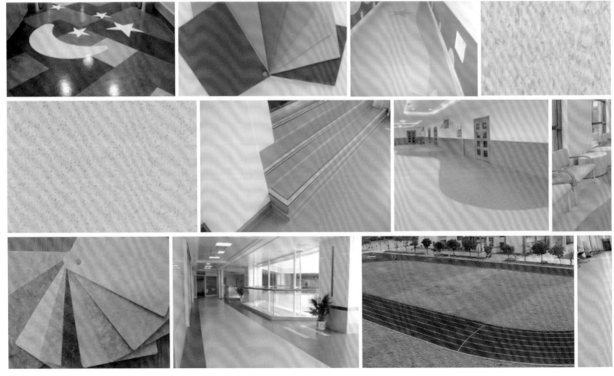

图 5-32 塑胶地板

图 5-34 电线　　　　　　　　　　　　　　　　　　　图 5-35 电线管

四、高山深涧——隐蔽空间

所谓的隐蔽工程指建筑物、构筑物、在施工期间将建筑材料或构配件埋于物体之中后被覆盖外表的实物。常见的有电线（图 5-34）、电线管（图 5-35）/水管（图 5-36）、腻子粉、石膏粉、嵌缝带／网格布等。

电线：2.5 平方的电线用于常规照明、普通插座等，4 平方的电线用于空调、冰箱、厨房电器等，6 平方的电线用于中央空调、大功率的机器等，10 平方的电线用于中央基层特大功率的空调、中央净水等。

电线管／水管：常用于水电路改造，分为 PVC、PPR、PC、PE 等材质。

腻子粉：常用于乳胶漆／墙纸的基层处理，厚度约 3 mm~5 mm。

石膏粉：居住空间中墙顶面的找平，厚度约 2 cm~3 cm。

嵌缝带／网格布：用于处理墙面不同程度的开裂，起修补作用。

如果用化妆进行比喻，石膏类似于遮瑕、填痘印；石膏粉类似于粉底液，用于整体基层的处理；乳胶漆或墙纸就类似于散粉，用于定妆。

五、奇峰罗列——其他材料

在装饰设计当中，其他常用的材料有：金属类、

图 5-36 水管

板材类、家具类、个性化定制类等。

金属类材料包括不锈钢隔断、金属条、修饰条等。

板材类材料，常以定制家居为主，如定制衣柜、定制橱柜、定制木门、定制墙板等。常见板材有实木板材、实木复合板材和纯密度板材等（图 5-37）。

家具类的材料，以实木类和板材类为主。

个性化定制，顾名思义就是专门找工厂定制所需物品。

图 5-37 板材

第五节 匠心传承，百花齐放

一、举旗定向——木工

常用吊顶中的木工工艺包括套割工艺（图5-38）、V型槽工艺、错缝工艺（图5-39）、弹线放线工艺，这四种工艺能避免后期因热胀冷缩导致的开裂问题。

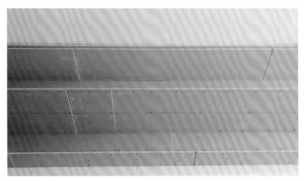

图 5-38 套割工艺

二、凝魂聚力——油工

俗话说三分肌理七分外表，油工工艺作为装饰最外层工艺具有很高的展示性，又分为墙漆类施工工艺和木器漆类施工工艺两种。墙漆类施工工艺又分为滚涂工艺、喷漆工艺、基层处理工艺等，木器漆施工工艺又分为清油工艺、混油工艺、基层处理工艺等。

三、前瞻谋划——隐蔽工程

隐蔽工程的工艺从水电施工开始（图5-40）。开工前，要有水电施工图纸；完工后，要有水电竣工图纸，这一点非常重要。

1. 配线

配线必须要用铜芯线，包括2.5平方电线、4平方电线、6平方电线、10平方电线等。

图 5-39 错缝工艺

2. 象限管

装修用的线管一般是PVC16阻燃线管，组装线管要求单管之内不能超过三根2.5平方线、两根4平方线，6平方线最多用一根。

3. 布线

布线要遵守横平竖直的原则，墙面禁止横向开槽。隐蔽工程禁止横向开槽，这样做会破坏墙体的受力程度。端点处不允许接线，以防止后期出现短路的情况。

4. 接头

接头的位置一定要使用接线端子。线如果露在外面，必须要使用压线帽，以保证用户使用安全。

5. 水管

水管要选用PPR水管，并使用热熔焊接工艺。

6. 冷热水布局

冷热水布局是左热右冷，施工完成后一定要打压测试。

四、务实笃行——瓦工

瓦工工艺有湿铺和干铺两种。

湿铺工艺的优点是粘贴比较结实，强度高，造价相对较低；缺点是易空鼓，不容易找平（图5-41）。干铺工艺的优点是速度比较快，易找平，不易空鼓；缺点是强度偏低（图5-42）。

在装修过程中，我们还会遇到非常多的安装工艺，如地板的铺设、木门的安装、柜子的安装、卫浴的安装、楼梯的安装、镜面的安装、墙纸墙布的铺贴，以及中央空调新风系统的安装、中央净水设备的安装、智能安装、安防监控的安装、五恒系统的安装、家具的安装、阳光和门窗的安装等。

码5-2 工艺里的"油盐酱醋"

图5-40 隐蔽工程——水电施工

图5-41 瓦工——湿铺

图5-42 瓦工——干铺

第六节 玉汝于成，精雕细琢

实践上的精雕细琢主要体现在装修的各个环节和应该注意的问题上。

一、摆兵布阵——预判

预判的作用是什么？在排砖之前，我们首先要弄清怎样铺贴。设计排砖图要注意以下几个问题：从哪个方向排？到哪个位置收？窄砖放在什么位置？宽砖放在什么位置？以及开铺的方向和方位。

预判有着非常重要的作用，在排砖过程中，铺砖师傅会根据排砖图进行布设，布设后预判是否少砖。

二、协调各方——碰撞

在装修的过程中，我们会遇到不同材料间的碰撞，这时要注意些什么问题？它们在使用或对接过程中有什么样的特点？

一是常用的瓷砖和木地板厚度是不一样的。怎样保证瓷砖铺贴完成后和木地板处于同一个水平线上？这就需要提前对地面进行找平。

二是踢脚线与门套的安装顺序是什么？怎样安装最美观？设计规划和最后做出的选择可能存在出入。

三是衣柜与顶角线该如何处理？生活中，我们可以发现衣柜上方经常会压一块顶角线。通常，这个位置上方会先做一个平顶，然后把顶角线安装在吊顶上。这样衣柜和顶角线就可以完美贴结。

四是一般窗台石与窗边和墙边要留出 6 cm 的宽度，我们通常称之为"耳朵"。它的作用是方便墙和窗套的收口。当石材、木材与墙面三种不同材质结合在一起的时候，要做好收口。

五是石材墙面和墙板相接时也要做好收口。一般情况下是石材压墙板，偶尔也有墙板压石材的情况。在规划和施工过程中，一定要提前预留尺寸。

六是衣柜与墙面，特别是阳角，注意衣柜要有一个收边条，因为所有的墙体与地面都不可能是精准的 90 度，但是衣柜的角肯定是 90 度，当衣柜与墙面无法完全贴合时就需要做收口。

思考与练习

1. 居住空间中常用的材料以及分别应用的场景有哪些？

2. 简述隐蔽工程在居住空间中的重要性。

3. 结合本章内容选定一款材料，分析其在居住空间设计中的作用。

4. 选定一项施工工艺，分析此工艺对于项目落地有哪些影响。

5. 怎样评判施工工艺是否达标？

6. 通过对瓦工施工工艺的了解，总结干铺法与湿铺法的利与弊。

7. 在实践中，怎样才能将各种材料运用得游刃有余？

8. 简述做出正确的总结预判在施工过程中的重要性。

9. 阐述居住空间所采用的材料及发展趋势。

CHAPTER 6

一

第六章

居住空间经典
设计作品赏析

第一节 自由天地，住吉的长屋

住吉的长屋的设计师是安藤忠雄（图6-1），1941年9月13日出生于日本大阪，1995年获得普利兹克建筑奖。

住吉的长屋位于大阪南部，设计于1975年，是一幢清水混凝土结构建筑，处在三座木制连排长屋之中（图6-2）。宽约3.5 m、全长约14 m、高约6 m，共2层，总建筑面积仅有65 m^2，但其封闭的长方体块结构使有限的地基得到了充分利用（图6-3）。

图6-1 安藤忠雄

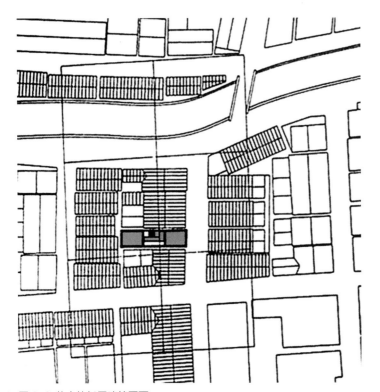

图6-2 住吉的长屋建筑平面

图6-3 住吉的长屋沿街实景

图 6-4 住吉的长屋外景 1 图 6-5 住吉的长屋外景 2

住吉的长屋的整体风格通常被人们评价为独特而冷冽深刻，具有抽象、洗练、自我内向性压缩的审美情趣，其实在一定程度上是禅宗思想简素、朴实的体现。（图 6-4、图 6-5）

住吉的长屋继承了传统长屋狭长的特点，但立面处理比传统长屋要封闭，以突显内部光线的丰富性（图6-6）。住吉的长屋中的庭院有天井式与自然式两种构成手法，这和日本关西传统的庭院式风格有着明显的传承关系。

码 6-1 住吉的长屋

图 6-6 住吉的长屋内景

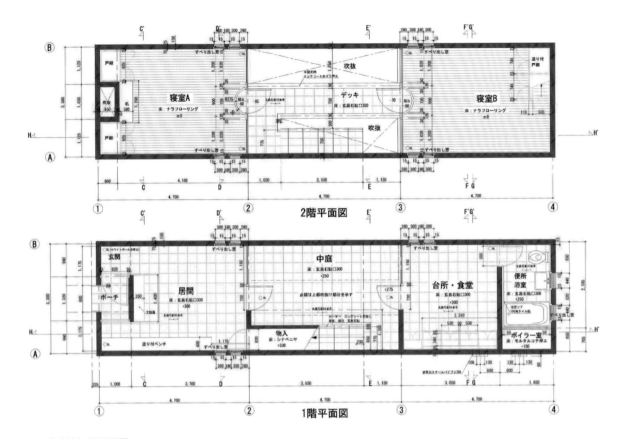

图6-7 住吉的长屋平面图

建筑物的外部形体是内部空间的客观反映，内部空间决定了外部空间的表现方式——形状统一的长方体块。（图6-7）

住吉的长屋一楼是中庭和公共空间，二楼是私密空间，都是简单的长方体，不仅充分利用了这个既特别又小巧的栖居场所，同时也体现了安藤忠雄完全的几何形式要素为建筑提供的基础框架；安藤忠雄把公共空间设计在一层，私密空间安排在二层，使二层的私密性得到了保障。

一层从门庭进入，内有一个玄关，使进门的人感受到一种神秘感，并且也保护了使用者的隐私。第一个房间是会客用的起居室，越过中庭是被分隔开了的厨房和厕所；主人经过一层中庭的楼梯到达二层，天桥连接了主卧与小孩卧室。安藤忠雄将小孩卧室安排在楼梯口，而主卧在楼梯口另外一侧，是二层交通线上的终点，这保证了主卧的私密性，而主人每次去主卧或从主卧出来都要经过小孩卧室，方便照顾孩子，设计非常人性化。（图6-8）

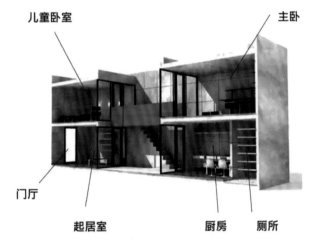

图6-8 住吉的长屋区域划分

内部各空间相对独立，保证了各功能空间的私密性。他在处理卧室、卫生间等私密性要求较高的空间时，也充分考虑了这个问题。整栋建筑的立面几乎是全封闭的，恰好满足了地处中心城区的住宅对私密性的要求。

安藤忠雄对光线的运用源于日本传统的茶室，即用一束不经意间投射进室内的光线刺破昏暗。变幻莫测的光从庭院投入室内，在空间地面上产生一种幽静的美。光影是组织空间的重要因素，让光洒向墙与柱的间隙，直接塑造空间，取得神圣而亲密的效果，墙体在光的作用下变得抽象（图6-9、图6-10）。

原本在狭长的空间中会出现光线引进不均的状况，安藤忠雄为了解决该问题，将空间三等分，在中央设天井，巧妙地引入光线。光从门厅及长屋房顶天窗进入玄关，经过玄关那面墙的作用，使光线变得更加丰富；卧室深处的房顶上开有天窗，不仅有利于卧室的采光与通风，也使简单的墙体变得更丰富。受宅基地面积的限制，长屋的面积较小，每个空间又相对独立，安藤忠雄将门设计为玻璃门，在不影响私密性的同时，扩大了人的视觉空间。

住吉的长屋的设计，实现了在极其不利的外部条件下的建筑自律性。长屋从表面上看，具有明显的均一单调特质，可以说细部和装饰方面是匮乏的。但是，安藤忠雄所关注的是给人以深层次

的空间体验。住吉的长屋是安藤忠雄早期最优秀的作品，该作品使他逐步登上了世界建筑设计的舞台。

第二节 城市网红，融汇温泉

择一处"世外桃源"，拥有"入则宁静、出则繁华"的生活，或许是许多都市人向往的一种生活状态。福州融汇温泉城（图6-11），落址福州城区东北部，由李益中设计，建筑面积510 m²。这里是置身自然，不离繁华的生态社区，筑于一方高处的别墅美宅，半边是山林溪湖，半边是都市丛林。

图 6-10 住吉的长屋光影效果

图 6-9 住吉的长屋光影效果（局部）

图 6-11 福州融汇温泉城别墅建筑外观

基于项目的在地环境、规划定位以及设计师对生活的深度观察,空间设计以"现代、轻奢、自然"的格调作为本案例的设计笔触;在一贯的现代手法中,融入时尚轻奢的特质,同时秉承着"师法自然"的态度,用大自然做美学,实现人与环境美好的互动关系(图6-12至图6-14)。

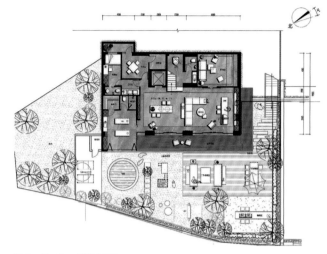

图6-12 负一层平面图

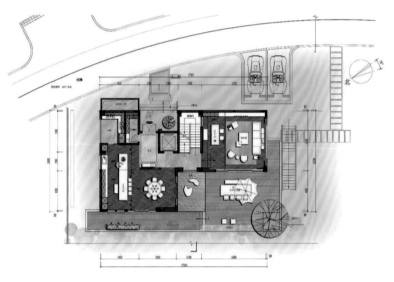

图6-13 一层平面图

图6-14 二层平面图

住宅共有四层，为了让日常活动与自然达到协调统一，每个空间被重新赋予了活力，使它们在"山林墅居生活"中扮演着各自的角色。（图6-15）

一层核心功能区由中西厨、餐厅和客厅组成（图6-16至图6-18），在空间中西厨中岛的设计与中厨相互补充，客餐厅与户外的观景平台相接，是家庭聚餐和观景的核心空间。矩形餐桌与方正导台，块面相对，既平衡比例，又塑造视觉张力。

图6-15 别墅阳台

图6-16 别墅客厅

码6-2 融汇温泉城别墅

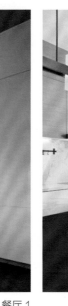

图6-17 厨房、餐厅1　　　　图6-18 厨房、餐厅2

　　选材克制，用色纯粹，不同灰度的主基调下融入略带温情的大地色系（图6-19），深浅明度的变化是其中的亮点所在，再将低饱和度的拉丝黄古铜与橙灰色作为辅色，使空间的色彩搭配更具有层次感。在现代简洁的空间内，玻璃护栏和水晶灯的置入，使空间整体交织着现代的雅致和低调的奢华风格（图6-20、图6-21）。

图 6-19 客厅材质及色彩

图 6-20 餐厅

图 6-21 楼梯

图 6-22 老人卧室

图 6-23 老人卧室的卫生间

图 6-24 主卧

　　二层、三层为起居空间，设计师为家庭成员配置了不同个性的卧室套间。老人卧室以灰色调为主，局部使用深色木饰面；陈设则利用不同灰色的棉麻布艺、皮革过渡，搭配拉丝黄古铜金属和干邑色玻璃灯具等配饰，材质丰富不失细腻（图6-22、图6-23）。

　　主卧在第三层，空间大、私密性好。木质结构糅合在素净的空间内，床头以格栅式的木饰面作为背景装饰，配以轻暖光泽感的金属灯具，折射出宜人的温度。两道木格栅呈对折式，巧妙地将室内功能区分开，隔而不断，一面阅读区，一面梳妆台（图6-24）。

图 6-25 酒吧　　　　　　　　图 6-26 影音室

负一层空间承载了娱乐、休闲、宴请等多元化生活的功能，包括 SPA 房、酒吧、影音室等空间（图 6-25、图 6-26）。场景的塑造、陈设的布置、细节的刻画都旨在传达高品质的生活方式。设计师输出有深度的设计，从多维度去衡量设计的成功与否。

第三节　奢华世界，加州豪宅

怎样的房子才能称得上"豪宅"？太多被冠以"豪宅"的项目甚至连最基本的空间尺度都得不到保证。本案这栋豪宅位于美国加利福尼亚州，由豪宅设计专业户保罗·麦克林为地产大亨弗朗西斯科·阿奎里尼设计。整栋别墅居住面积为 1500 m²，造型犹如一架巨大的钢琴（图 6-27），

图 6-27 保罗·麦克林设计的豪宅鸟瞰图

简约而优雅，售价5200万美元（约合3.7亿人民币）。其中包含6间卧室、10个卫生间，以及家庭影院、酒吧、健身房、桑拿室等空间。房子的外墙和内墙都采用大理石，庭院通向起居室的石板路错落有致，LED灯带起到了引导作用（图6-28）。

起居室两端用玻璃做隔断，视野十分开阔，室内也是简约风格，绒面的地毯增加了温暖的气息（图6-29）。沙发围绕成半圆形，用整块大理石做电视背景墙，配上金属茶几，现代感十足（图6-30）。

码6-3 美国加利福尼亚州Aquilini豪宅

图6-28 豪宅外观

图6-29 起居室玻璃隔断

图6-30 室内外互相映衬

大面积的白色衬托出美丽的自然风光,整个空间让人感觉十分通透。用餐区域也延续了起居室的装饰风格,长方形餐桌和上方的筒形吊灯营造出一种和谐美和写意美。(图6-31至图6-33)。

图 6-31 开放式餐厅

图 6-32 室内外浑然一体

图 6-33 室外休闲空间

图 6-34 游泳池

游泳池蜿蜒的造型十分吸睛。居住者可从起居室直接步入位于游泳池中央的圆形休息区。游泳池一直延伸到别墅的另一头，使整个空间更加灵动。坐在这里，远处的美景尽收眼底。夜幕降临，点亮灯带和篝火，可以营造出温暖、宁静的氛围（图6-34、图6-35）。

图 6-35 夜晚池畔的篝火

主卧的视野非常开阔，地毯为简约的空间增加了层次感（图6-36）。站在露台上眺望，仿佛人与大自然融为一体。主卧卫生间与更衣室相连，整个区域都被大理石包裹着（图6-37）。

图 6-36 主卧开阔的阳台

图 6-37 主卧卫生间

图 6-38　酒窖与休闲区域

　　地下室就是娱乐天堂。休闲区域包含酒窖、桌球区以及休息区（图6-38）。特意没有设置主灯，小小的顶棚灯射出柔和的光，散落各处，营造出轻松的氛围。家庭影院当然也少不了，绿色丝绒的沙发洋溢着低调奢华的气息（图6-39）。

　　车库一旁还有休闲吧和高尔夫球室，绿色的波纹地毯与外界的绿色交相辉映。别墅的天台十分舒适，床、躺椅、沙发应有尽有，营造出极尽奢华的居住空间（图6-40）。

图 6-39　家庭影院

第四节　经典之作，流水别墅

　　流水别墅的建筑师是弗兰克·劳埃德·赖特（图6-41），他是工艺美术运动美国派的主要代表人物，美国最伟大的建筑师之一。赖特是著名建筑学派"田园学派"的代表人物，代表作包括建立于宾夕法尼

图 6-40　天台

图 6-41　弗兰克·劳埃德·赖特

亚洲的流水别墅和芝加哥大学内的罗比住宅。这些建筑诠释了赖特提出的"有机建筑"，其特点是开放式的平面布局、模糊的室内外界线，以及钢筋混凝土等材料的全新使用方法。每一栋建筑都体现了针对住宿、工作及娱乐需求的创新解决办法。

流水别墅是赖特为考夫曼家族设计的一栋建筑。1934年，德裔富商考夫曼在宾夕法尼亚州匹兹堡市东南郊的熊跑溪买下了一块地。那里远离公路，高崖林立，草木繁盛，溪流潺潺。赖特凭借特有的职业敏感度，把别墅与流水的音乐感结合起来，在瀑布之上实现了"方山之宅"的梦想（图6-42）。悬空的楼板铆固在后面的自然山石中，正面在窗台与天棚之间，是一金属窗框的大玻璃，虚实对比十分强烈（图6-43）。

别墅共三层，面积约380m^2，以二层（主入口层）的起居室为中心，其余房间向左右铺展开来。别墅外形强调块体组合，使建筑带有明显的雕塑感。两层巨大的平台高低错落，一层平台向左右延伸，二层平台向前方挑出，几片高耸的片石墙交错穿插在平台之间，很有力度。溪水由平台下怡然流出，建筑与溪水、山石、树木自然地结合在一起，像是从地下生长出来似的（图6-44）。

码6-4 赖特作品流水别墅

图6-42 赖特手绘的别墅设计图

图6-43 流水别墅外景

图6-44 流水别墅入口外观

从流水别墅的外观我们可以看到，水平伸展的地坪、腰桥、便道、车道、阳台及棚架，沿着各自的伸展轴向，越过山谷向周围凸出并向外伸展，这些水平的推力，以一种诡异的空间秩序紧紧地集结在一起，巨大的露台扭转回旋，恰似瀑布水流曲折迂回突然下落，整个建筑犹如盘旋在大地之上。

别墅的室内空间（图6-45）处理也堪称典范。空间内保持了天然野趣，一些被保留下来的岩石从地面破土而出，成为壁炉前的天然装饰，一览无余的带形窗使室内与四周浓密的树林相互交融（图6-46）。室内空间自由延伸，相互穿插；内外空间互相交融，浑然一体。

图6-45 流水别墅室内

图6-46 流水别墅起居室

流水别墅的平面分析：一层几乎是一个完整的大房间，通过空间处理而形成相互流通的各种从属空间，并且有小梯与下面的水池联系（图6-47）。

二层是卧室，阳台与一层纵横交错（图6-48）。二层楼板的延伸部分设计成格栅状，格栅梁在起居室的东南角，形成了八个矩形顶窗。这些格栅还起到结构作用，使二层楼板与石壁锚固在一起。

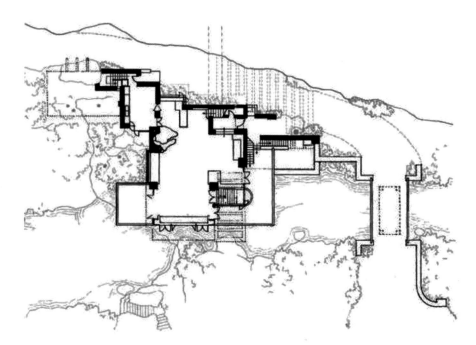

图6-47 一层平面图

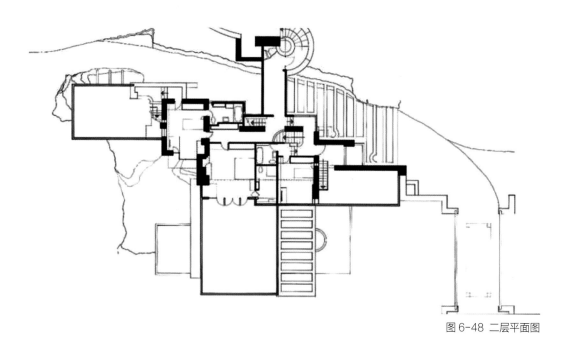

图6-48 二层平面图

赖特对自然光线的巧妙把握，使内部空间充满了盎然生机，光线流动于起居室的东、南、西三侧，最明亮的部分光线从天窗泻下，一直穿过建筑物直到下方溪流崖隙的楼梯。东西和北侧呈几何围合状的侧室，相比起居室的光线则较为暗淡，在岩石铺设而成的地板上，隐约显现出它们的倒影，流布在起居室之中。从北侧及山崖方向反射进来的光线和照射到楼梯的光线交织在一起，显得朦胧柔美。这个起居室的空间气氛随着光线的明度不断发生变化，显现出多样的风采（图 6-49 至图 6-52 ）。

图 6-49 流水别墅室外空间 1

这个建筑存在的意义已超越了它本身，深深地印在人们的意识之中，以其具象创造出了一个不可磨灭的新体验。它具有活生生的、初始的、原型的、超越时间的质地，为了越过建筑史的诸多流派，它似乎全身飞跃而起，坐落在宾夕法尼亚的岩崖之中，指挥着整个山谷，超凡脱俗。建筑内的壁炉是以暴露的自然山岩砌成的，瀑布所形成的

图 6-50 流水别墅室外空间 2

图 6-51 流水别墅室内空间 1

图 6-52 流水别墅室内空间 2

图 6-53 流水别墅建筑局部 1

图 6-54 流水别墅建筑局部 2

雄伟的外部空间使流水山庄更为完美，在这里自然和人悠然共存，呈现了天人合一的最高境界（图6-53、图6-54）。

流水别墅在空间的处理、体量的组合及与环境的结合上均取得了极大的成功，为有机建筑理论做了确切的注释，在现代建筑历史上占有重要地位。

思考与练习

1. 简述住吉的长屋的特点。

2. 住吉的长屋是哪位设计师的作品？他获得过建筑界的什么奖？

3. 住吉的长屋是如何运用自然光线的？

4. 融汇温泉别墅从哪些方面体现出当代城市人的生活方式？

5. 居住空间如何提高人的生活品质？

6. 融汇温泉别墅给你的印象是什么？

7. 谈谈你对豪宅的看法。

8. 流水别墅为何能成为居住空间领域中的经典作品？

9. 流水别墅的哪些方面体现出赖特的"有机建筑"理论？

参考文献

1.王大海. 居住空间设计[M]. 北京：中国电力出版社，2009.

2.张葳，汤留泉. 环境艺术设计制图与透视[M]. 北京：中国轻工业出版社，2012.

3.宋涛.透视与制图[M]. 北京：北京工业大学出版社，2012.

4.李仲信，王梓炀. 室内设计[M]. 济南：山东美术出版社，1999.

5.申斌,张桂青,汪明,等.基于物联网的智能家居设计与实现[J].自动化与仪表，2013,（2）:6-10.

6.马晓娜，张雨欣,于茜.基于多模态信息交互的智能家居设计研究[J].包装工程，2022（16）:043,59-67.

7.韩淑君.基于情境感知的智能家居设计研究[J].设计，2018（1）:82-83.

8.陶佳能.基于大数据的智能家居设计探讨[J].大科技，2021（36）158-159.

9.房雅珉,朱虹.5G环境下智能家居产品发展的初步探讨[J].智慧中国，2020（10）:76-77.

后 记

近年来，随着科技的不断进步和社会的快速发展，居住空间的设计也在不断演变。作为一名多年从事"居住空间设计"课程教学的专业教师，我深感责任重大，也倍感荣幸。

在这个领域任教的30年间，我见证了居住空间设计的巨大变革。回想起1993年刚开始任教时的情景，那时的"居住空间设计"还处于起步阶段。当时，我国的商品房刚刚起步，人们对于居住空间的需求也在不断提高。在最初几年，通过相关设计实践，我不仅增强了自身相关理论知识的储备，还陆续出版了一系列教材和著作，赢得了同行们的肯定，并在2009年获得了山东省文化艺术科学成果奖。

1997年，正值香港回归祖国的重要时刻，我所任教的山东艺术学院将"居住空间设计"课程正式纳入本科课程之中。从那时起，我们秉持着与家居设计行业密切融合的宗旨，持续推进课程的建设。我们采取项目制教学的方式，让学生们在实践中获得实战经验，并培养他们的职业素养。

时光荏苒，转眼间已是26载。居住空间的变迁也见证了我国的发展历程和民族复兴的壮丽画卷。在新时代背景下，我们的课程也迎来了新的挑战和机遇。为了适应时代的需求，我们建设了线上课程和虚拟课程，让学生们能够更加灵活地学习和实践。这些努力在教学创新大赛中得到了认可，我们连续三年先后荣获山东艺术学院教师教学创新大赛教授组一等奖和山东省普通高等学校教师教学创新大赛教授组二等奖。同时，我们的课程也受到了更高层次的认可和推广，被列为山东省普通高等学校课程思政教学典型案例，为培养学生成为德智体全面发展的栋梁之材贡献力量。

在这次教材的编写工作中，我与同事们共同努力、紧密合作，衷心感谢墨逸装饰设计（山东）有限公司的大力支持。这本教材承载着我们对"家国同构"居住观的理解和追求，旨在建设一个充满智慧的未来之家。我希望，本教材能为我国居住空间的设计与发展贡献一分力量，为我们伟大祖国的美好未来添砖加瓦。岁月如梭，我们愿与时代同行，共同书写美好的明天。

王大海

2023年10月金秋于泉城济南